化学工业出版社“十四五”普通高等教育规划教材

生物计算模拟与蛋白质设计

Biomolecular Simulation and Protein Design

段谟杰　主编

陆珺霞　谢华勇　副主编

化学工业出版社

·北京·

内容简介

本书在扼要介绍生物计算模拟和蛋白质设计研究进展基础上，阐述分子动力学模拟基本原理、分子模拟常用软件及运行方案、自由能模拟、分子模拟在生物体系中的应用、蛋白质计算设计、人工智能蛋白质设计、功能蛋白质设计等计算生物学领域的前沿理论及技术。全书各章都配有翔实的图表。此外，还提供了常用模拟软件的运行命令和参数实例。为了满足读者进一步阅读的需求，每章还附有参考文献。

本书可作为高校生物和化学类专业本科及研究生教材，也可供广大计算生物学工作者查阅参考。

图书在版编目（CIP）数据

生物计算模拟与蛋白质设计 / 段谟杰主编 ; 陆珺霞，谢华勇副主编. -- 北京 : 化学工业出版社, 2026. 2.
(化学工业出版社“十四五”普通高等教育规划教材).
ISBN 978-7-122-49702-4

Ⅰ. Q811. 2; Q51

中国国家版本馆 CIP 数据核字第 2026N8K564 号

责任编辑：傅四周　　文字编辑：药欣荣
责任校对：杜杳然　　装帧设计：关　飞

出版发行：化学工业出版社
(北京市东城区青年湖南街 13 号　邮政编码 100011)
印　　装：北京天宇星印刷厂
710mm×1000mm　1/16　印张 10¼　字数 189 千字
2026 年 3 月北京第 1 版第 1 次印刷

购书咨询：010-64518888　　售后服务：010-64518899
网　　址：http://www.cip.com.cn
凡购买本书，如有缺损质量问题，本社销售中心负责调换。

定　　价：49.00 元

编写名单

主　编　段谟杰　武汉科技大学

副主编　陆珺霞　武汉科技大学

　　　　谢华勇　武汉科技大学

参　编　张正逢　武汉科技大学

　　　　吴夏莲　武汉科技大学

　　　　宁尚波　河南科技大学

　　　　童　琼　武汉科技大学

　　　　赵伟静　武汉科技大学

　　　　刘　静　武汉科技大学

前言

当今生物计算模拟与蛋白质设计学作为生物学与计算科学交叉的核心分支学科，是探索生命分子机制、推动生物医学工程发展的重要领域之一。自20世纪中期分子动力学模拟萌芽至今，该学科历经半个多世纪的积累与突破，在解析蛋白质折叠密码、设计人工酶催化剂、开发新型生物医药产品等领域发挥了里程碑式的作用。从早期基于牛顿力学的简单分子建模，到人工智能驱动的蛋白质序列-功能智能预测，科学家们通过计算与实验的深度融合，不断拓展人类对生命的认识。

随着人工智能、高性能计算与高通量实验技术的协同革新，生物计算模拟与蛋白质设计已形成“基础理论—算法创新—工程应用”的完整研究体系。在基础理论层面，深度学习赋能的自由能计算、多尺度分子建模等方法正重新定义分子互作预测的精度极限；在应用转化层面，计算驱动的蛋白质从头设计技术已成功应用于癌症靶向治疗、酶开发及生物材料的设计等重要领域，展现出颠覆性创新潜力。

本书由武汉科技大学段谟杰教授主编，汇集国内在该领域具备丰富教学和科研经验的学者共同编写，内容涵盖了分子动力学模拟基本原理、分子模拟常用软件及运行方案、自由能模拟、分子模拟在生物体系中的应用、蛋白质计算设计、人工智能蛋白质设计、功能蛋白质设计等计算生物学相关的领域。

本书编写过程中，武汉科技大学核磁共振与分子科学交叉研究院提供了宝贵的支持。由于写作时间有限，加之各领域技术更新很快，书中可能存在疏漏之处，请读者批评指正。

主编　段谟杰
2025 年 9 月

目录

第八章　功能蛋白质设计　/　142

第一章
绪论

1.1 生物分子的结构

生物大分子是指存在于生物体内、具有较大分子量的有机分子，主要包括蛋白质、核酸、多糖等。其中，蛋白质由氨基酸通过肽键连接而成。蛋白质的结构复杂，具有一级、二级、三级和四级结构。一级结构是指氨基酸的线性排列顺序；二级结构主要有α-螺旋、β-折叠等；三级结构是在二级结构基础上进一步折叠形成的三维结构；四级结构是由多个亚基组成的蛋白质复合物的结构。核酸分为脱氧核糖核酸（DNA）和核糖核酸（RNA）。DNA是双螺旋结构，由两条反向平行的多核苷酸链通过碱基互补配对形成。RNA一般为单链结构，但在某些情况下也会形成局部的二级结构。多糖由多个单糖通过糖苷键连接而成。多糖的结构多样，有直链、支链等不同形式，而且具有不同的功能，如储存能量（如淀粉）、提供结构支撑（如纤维素）等。

生物分子的结构决定了其功能。其三维结构可以揭示其活性位点、结合区域，以及与其他分子的相互作用方式。例如，酶的活性位点通常由特定的氨基酸残基组成，其结构决定了酶对底物的特异性和催化效率。抗体的结构决定了其与抗原的结合能力和特异性。了解生物分子的结构有助于深入理解蛋白质的功能机制，为疾病的诊断和治疗提供重要线索。

此外，生物分子结构还可以为药物设计提供重要的依据。通过了解药物靶点蛋白质的结构，可以设计出更加有效的药物分子，提高药物的特异性和疗效。同时，蛋白质结构也可以为生物材料的设计提供灵感，用于开发具有特定性能的生物材料。

1.2 生物分子结构描述

生物分子的结构有多层次的描述。以蛋白质为例，一般可以分为四个结构层次。

1.2.1 一级结构

蛋白质的一级结构是指蛋白质多肽链中氨基酸的排列顺序（图 1-1）。每个蛋白质都有其特定的氨基酸组成和排列顺序，这是由其对应的基因所决定的。一级结构决定了蛋白质的基本性质，如分子量、等电点等。一级结构是蛋白质高级结构形成的基础，特定的氨基酸序列会引导蛋白质折叠成特定的三维结构，从而决定其功能。例如，一些氨基酸序列中的特定区域可能会形成特定的二级结构单元，如 α-螺旋或 β-折叠。

X链 1 CQPIFLNVLEAIEPGVVCAGHDNNQPDSFAALLSSLNELGERQLVHVVKWAKALPGFRNL
X链 61 HVDDQMAVIQYSWMGLMVFAMGWRSFTNVNSRMLYFAPDLVFNEYRMHKSRMYSQCVRMR
X链 121 HLSQEFGWLQITPQEFLCMKALLLFSIIPVDGLKNQKFFDELRMNYIKELDRIIACKRKN
X链 181 PTSCSRRFYQLTKLLDSVQPIARELHQFTFDLLIKSHMVSVDFPEMMAEIISVQVPKILS
X链 241 GKVKPIYFHT

图 1-1 蛋白质一级结构序列

1.2.2 二级结构

蛋白质的二级结构是指多肽链主链原子的局部空间排列，不涉及侧链的构象，主要形式包括 α-螺旋、β-折叠、β-转角和无规卷曲等（图 1-2）。α-螺旋中多肽

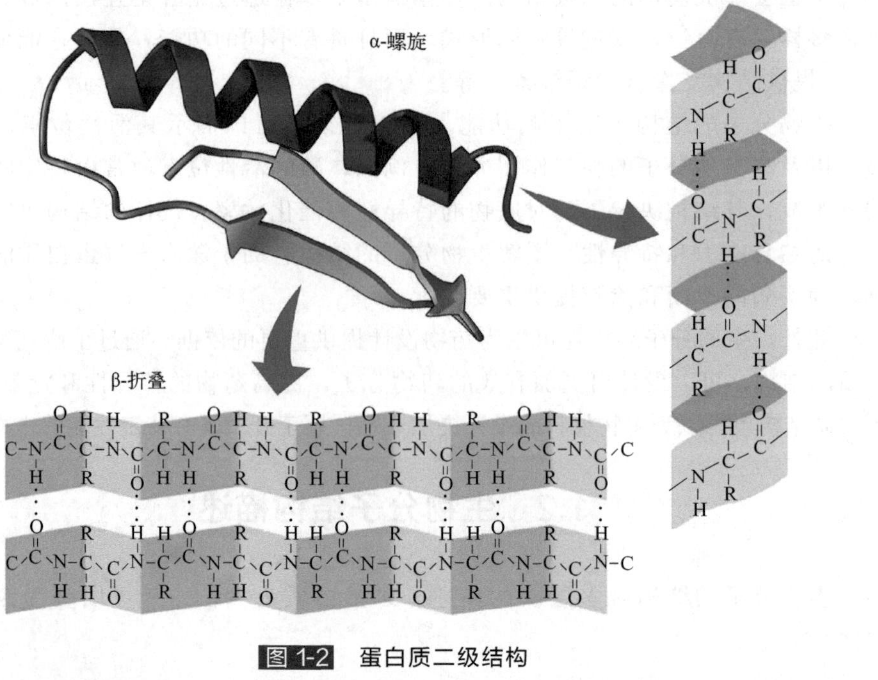

图 1-2 蛋白质二级结构

链以右手螺旋的方式盘绕而成，每一圈螺旋包含 3.6 个氨基酸残基，螺距为 0.54nm。氨基酸的侧链伸向螺旋外侧。氢键是维持 α-螺旋稳定的主要作用力，它在螺旋的一个肽键的羰基氧和第四个肽键的亚氨基氢之间形成。β-折叠：两条或多条几乎完全伸展的多肽链侧向聚集在一起，通过链间的氢键连接成片层结构。β-折叠可以是平行的，即所有肽链的 N 端到 C 端方向相同；也可以是反平行的，即肽链的走向相反。β-转角：多肽链在 180°回折处形成的一种特殊构象，通常由四个氨基酸残基组成，第一个氨基酸残基的羰基氧与第四个氨基酸残基的亚氨基氢形成氢键，以稳定转角结构。无规卷曲：没有一定规律的松散肽链构象，在蛋白质中广泛存在，通常作为连接不同二级结构单元的区域。二级结构单元是蛋白质高级结构的基本组成部分，它们的组合和相互作用决定了蛋白质的整体三维结构和功能。

1.2.3 三级结构

蛋白质的三级结构是指整条多肽链中所有原子在三维空间的分布（图 1-3）。其主要由氨基酸侧链之间的相互作用所决定，包括疏水作用、离子键、氢键、范德瓦耳斯力等。例如，疏水氨基酸残基通常会聚集在蛋白质分子内部，形成疏水核心，而亲水残基则分布在分子表面，与周围的水环境相互作用。二硫键也可以在稳定蛋白质三级结构中发挥重要作用，它是由两个半胱氨酸残基的巯基氧化形成的共价键。结构特点：具有特定的三维形状，可能是球状、纤维状或其他复杂的形状。蛋白质的活性位点、结合位点等功能区域通常在三级结构中形成。

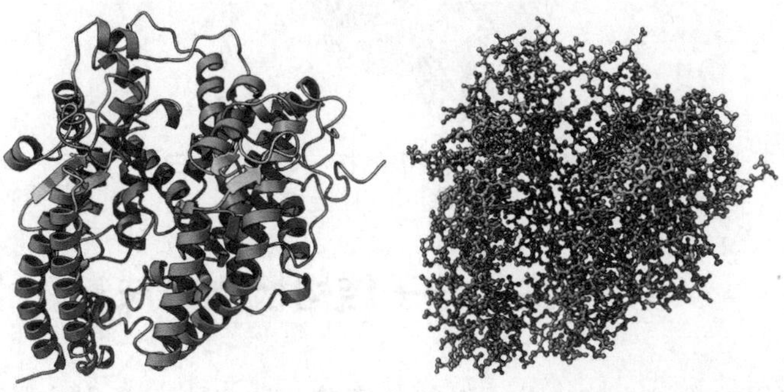

(a) 卡通模型　　　　(b) 球-棍模型

图 1-3　蛋白质三级结构

1.2.4 四级结构

由两条或两条以上多肽链组成的蛋白质，存在四级结构（图 1-4）。四级结构由多个具有独立三级结构的亚基通过非共价键相互结合而成。四级结构的形成可以增加蛋白质的功能多样性和复杂性。不同的亚基可以具有不同的功能，它们的组合可以使蛋白质执行更复杂的生物学任务。例如，血红蛋白由四个亚基组成，每个亚基都含有一个血红素辅基，能够结合氧气。四个亚基的协同作用使得血红蛋白能够高效地运输氧气。

蛋白质的结构层次从一级结构到四级结构逐步复杂，各个层次的结构相互关联、相互影响，共同决定了蛋白质的功能。对蛋白质结构层次的研究有助于深入理解蛋白质的作用机制、设计新型药物和开发生物技术应用。

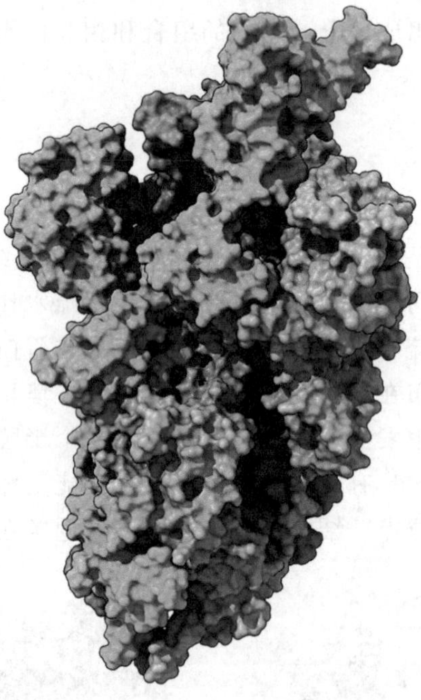

图 1-4 蛋白质四级结构（Spike 蛋白）
不同亚基用不同颜色表示

1.3 生物分子结构检测方法

目前，常用的检测生物大分子结构的实验方法主要有 X 射线晶体方法、核磁共振方法以及冷冻电镜方法。X 射线晶体方法通过对生物大分子晶体进行 X 射线衍射分析，获得其原子分辨率的结构信息。这是目前确定生物大分子结构最准确的方法之一。利用 X 射线晶体学技术确定了许多重要蛋白质和核酸的结构，为深入理解其功能机制提供了基础。利用核磁共振（nuclear magnetic resonance，NMR）技术可以在溶液状态下研究生物大分子的结构和动态变化。NMR 可以提供生物大分子的三维结构信息，并且对于研究蛋白质的构象变化和相互作用具有独特的优势。研究者通过 NMR 技术研究蛋白质与配体的结合过程，揭示了蛋白质功能的动态调控机制。冷冻电镜技术近年来发展迅速，成为研究生物大分子结构的重要手段。该技术可以在接近生理状态下观察生物大分子的结构，并且能够获得较大分子量的生物大分子复合物的结构信息。利用冷冻电镜技术解析了许多重要的蛋白质复合物的结构，为研究细胞内的分子机器提供了直观的结构基础。

1.4 蛋白质结构数据库

蛋白质是生命活动的主要承担者，其结构决定了功能。了解蛋白质的三维结构对于理解生命过程、开发药物、设计新型生物材料等具有至关重要的意义。蛋白质结构数据库（protein data bank，PDB）是全球最重要的蛋白质结构信息资源库（图 1-5），它为科学家们提供了大量的蛋白质结构数据，推动了生命科学、医学、化学等多个领域的研究与发展。

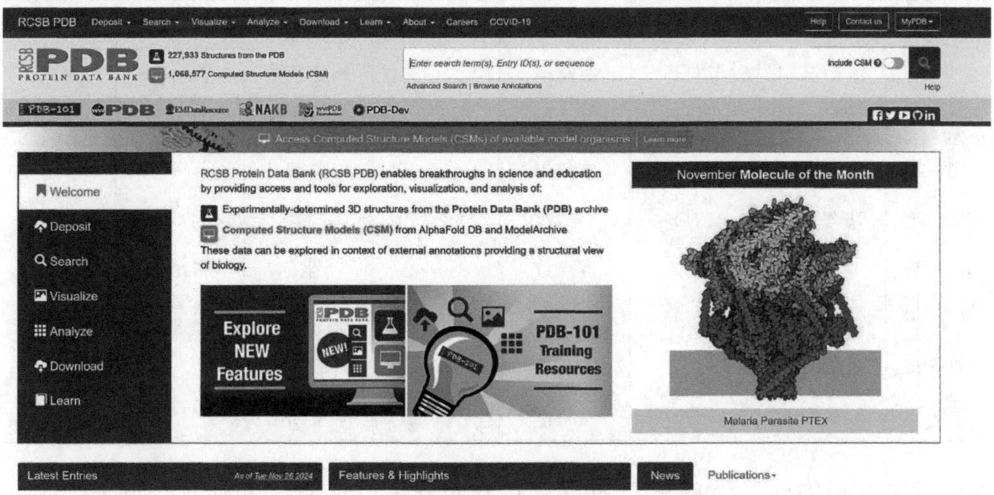

图 1-5 PDB 主页

PDB 在 20 世纪 70 年代建立。1971 年，美国布鲁克海文国家实验室（Brookhaven National Laboratory）首次建立了蛋白质晶体结构数据库。随着蛋白质结构测定技术的不断进步，数据库的规模也逐渐扩大。1998 年，美国国家科学基金会（National Science Foundation）、美国国家卫生研究院（National Institutes of Health）和美国能源部（Department of Energy）共同资助成立了全球蛋白质数据银行（wwPDB），负责管理和维护 PDB。目前，wwPDB 由 RCSB PDB（美国）、PDBe（欧洲）、PDBj（日本）和 BMRB（中国）四个成员组成，共同确保 PDB 数据的高质量、准确性和可用性。世界各地的结构生物学实验室通过 X 射线晶体学、核磁共振、冷冻电镜等技术测定蛋白质的三维结构，并将数据提交到 PDB。这些实验室通常会在发表研究论文的同时，将蛋白质结构数据提交到 PDB，以确保数据的公开可及性。

1.4.1 PDB 数据

PDB 中最主要的数据是生物大分子的结构数据。PDB 为不同的条目设置了 PDB ID 号，通常由 4 个包含数字和字母的字符组成。PDB 提供了生物大分子结构文件的下载，其文件有 pdb 格式、cif 格式和 ent 格式等，其中 pdb 格式是传统文本格式，以逐行文本形式存储原子坐标、残基信息、实验方法等基础数据，pdb 格式的文件中遵循严格的数据格式排列（表 1-1）。cif 格式中包含更多的信息，比如更详细的实验元数据（如晶体学参数、NMR 约束条件等）。ent 格式文件与 pdb 格式文件类似。

表 1-1 pdb 格式文件中原子坐标行对应的信息

列数	信息	格式	数据类型	列数	信息	格式	数据类型
1～4	标识	左对齐	字符串	7～11	原子序号	右对齐	整数
13～16	原子名称	中间对齐	字符串	17	备用位置		字符
18～20	残基名称	右对齐	字符串	22	链号		字符
23～26	残基序号	右对齐	整数	27	插入编码		字符
31～38	X 坐标	右对齐	浮点数	39～46	Y 坐标	右对齐	浮点数
47～54	Z 坐标	右对齐	浮点数	55～60	占比		浮点数
61～66	温度因子	右对齐	浮点数	73～76	片段标识		字符
77～78	元素符号	右对齐	字符串	79～80	电荷标识		字符

除了结构信息，在 PDB 数据文件中还包含其它的数据和信息。比如，序列信息、二级结构组成、结构域和功能域、分子的来源、活性位点和结合位点、分辨率、结构测定方法、实验条件、结构因子和衍射数据，以及相关文献等。

1.4.2 PDB 的使用方法

用户可通过在 PDB 网站输入目标分子的 PDB ID（如“1S04”）、名称或关键词快速检索结构数据，也可通过序列比对工具（如 BLAST）筛选相似性较高的结构。检索结果提供详细的实验信息（如分辨率、测定方法）、原子坐标文件（支持下载 pdb 或 cif 格式）及交互式 3D 可视化工具，支持在线分析配体结合位点、氢键网络等关键特征。进一步可利用 PyMOL、VMD 等软件对结构进行可视化分析，用于药物靶点验证、酶催化机制研究或分子对接模拟。此外，PDB支持按物种、分辨率、实验方法（X射线、NMR、冷冻电镜）等条件筛选高质量数据，是解析蛋白质功能与疾病机制的核心资源。

1.5 生物大分子结构相关的计算

1.5.1 结构预测

蛋白质是生命活动的主要执行者，其结构与功能密切相关。确定蛋白质的三维结构对于理解生命过程、开发新药物、设计新型生物材料等具有至关重要的意义。然而，通过实验方法确定蛋白质结构往往耗时、费力且成本高昂。蛋白质结构预测作为一种重要的计算方法，为快速获取蛋白质结构信息提供了可能。

根据所利用信息的不同，目前蛋白质结构预测方法可以分为以下几种：

（1）基于物理模型的方法

这一类方法应用蒙特卡罗或者分子动力学模拟方法，基于原子之间的相互作用从头计算蛋白质结构。分子动力学模拟是一种基于牛顿力学的计算方法，通过模拟蛋白质分子在一定时间内的运动轨迹来预测蛋白质的结构。该方法可以考虑蛋白质分子的原子间相互作用、溶剂效应等因素，能够提供较为准确的蛋白质结构信息。蒙特卡罗模拟是一种基于随机采样的计算方法，通过随机生成蛋白质的构象，并根据能量函数进行评估，来预测蛋白质的结构。然而，基于物理模型的方法计算量大，需要很长的计算时间才能获得收敛的结果。

（2）基于先验知识的方法

这一类方法会利用已知蛋白质的序列或结构信息，其中最著名的是同源建模法（homology modeling）。该方法是一种基于已知蛋白质结构的预测方法。如果目标蛋白质与已知结构的蛋白质具有较高的序列相似性，则可以利用已知蛋白质的结构作为模板，通过序列比对和结构优化来预测目标蛋白质的结构。在具有高同源性模板时，该方法具有效率高、预测精度高、易用性强等特点，但是，在没有找到同源蛋白作为模板时该方法将会失效。此时可以利用穿线法（threading method）进行蛋白质结构预测。穿线法是一种基于蛋白质结构数据库的预测方法，该方法首先分析目标序列的疏水性、二级结构倾向等特征，将目标蛋白质的序列与蛋白质结构数据库中的结构进行比对；使用隐马尔可夫模型或神经网络匹配潜在结构模板，找到最适合的结构模板，并将目标蛋白质的序列“穿”在模板结构上，进行结构优化，得到目标蛋白质的结构预测结果。穿线法可以处理序列相似性较低的情况，但预测结果的准确性相对较低。上述两种方法的比较见表 1-2。

表 1-2　基于先验知识的蛋白质结构预测方法比较

预测方法	同源建模法	穿线法
序列相似性要求	> 30%	< 25%
计算复杂度	线性复杂度	指数复杂度
典型精度(RMSD)	0.5~2.0Å	3.0~5.0Å[1]
适用场景	近同源蛋白质预测	远源蛋白质识别

（3）基于机器学习的方法

伴随机器学习方法的进展，近些年来利用机器学习进行蛋白质结构预测取得了极大的进展。特别是以 AlphaFold 为代表的深度学习蛋白质结构预测方法取得重大突破（图 1-6），AlphaFold 相关工作研究者也因此获得了 2024 年诺贝尔化学奖。深度学习通过构建多层人工神经网络架构，实现了对数据特征的层级抽象与自主提取。在蛋白质结构预测领域，通过端到端的学习机制，自动建立起氨基酸序列与三维空间坐标之间的复杂映射关系，有效克服了传统同源建模法对模板蛋白的依赖性。

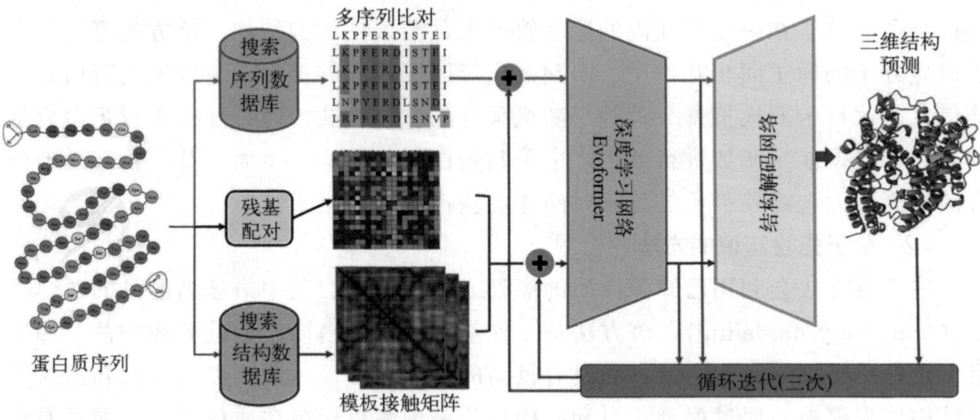

图 1-6　AlphaFold2 模型图

深度神经网络在蛋白质结构预测中的典型应用包含以下三个关键技术。①特征编码：将氨基酸序列转化为包含物理化学性质、进化保守性等信息的多维特征向量。②几何学习模块：采用诸如图神经网络（GNN）建模残基间的空间相互作用，通过注意力机制捕捉长程关联。③优化迭代机制：利用蒙特卡罗树搜索进行构象空间采样，结合拉氏图约束进行立体化学优化。

由 DeepMind 研发的 AlphaFold2（图 1-6）是目前影响力最大的基于深度学

[1] 1Å=10^{-10}m。

习的结构预测工具，该系统创新性地实现了多序列比对（MSA）与共进化信号的深度挖掘、百万级训练样本的自监督训练策略，以及将蛋白质折叠转化为梯度优化问题的几何深度学习框架。目前 AlphaFold2 的蛋白质结构预测精度可达到原子级别的预测精度（RMSD≤1Å）。

1.5.2 药物分子对接及筛选

在药物研发过程中，寻找具有特定生物活性的小分子药物是一项关键任务。药物分子对接及筛选计算方法作为一种重要的工具，能够快速有效地从大量的化合物库中筛选出可能与特定生物靶点相互作用的潜在药物分子，为药物设计和开发提供有力的支持。药物分子对接是一种基于结构的药物设计方法，它通过模拟药物分子与生物靶点（如蛋白质、核酸等）之间的相互作用，预测两者之间的结合模式和结合亲和力。药物分子对接的基本思想是将药物分子和生物靶点视为两个刚性或柔性的实体，通过优化两者的相对位置和取向，使得药物分子与生物靶点之间的相互作用能达到最小（图 1-7）。

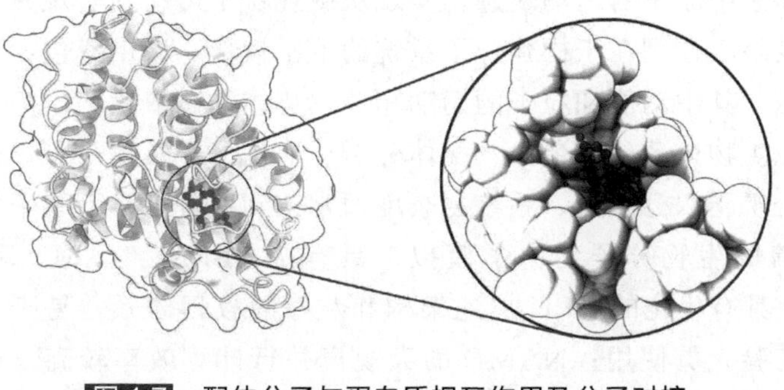

图 1-7　配体分子与蛋白质相互作用及分子对接

在分子对接技术中，根据对接过程是否允许分子构象变化，主要分为三种类型：刚性对接、柔性对接和半柔性对接。刚性对接方法将药物分子和生物靶点视为完全刚性实体，忽略其构象变化，主要通过平移和旋转操作探索两者的结合模式。这种方法计算效率较高，但由于未考虑分子柔性特征，可能导致结合位点匹配偏差。柔性对接技术则充分考量分子构象的可变性，其中基于片段的柔性对接将药物分子分解为若干较小片段，分别进行对接后再重新组合；同时考虑药物分子和生物靶点的所有原子构象变化，通过优化两者的构象实现精确匹配，尽管这种全面考量会显著增加计算复杂度。介于两者之间的半柔性对接采用折中策略，仅对结合位点关键区域（如活性口袋周围残基）或药物分子特定基团进行构象调整，在保持计算效率的同时兼顾了部分柔性特征。这三种方法构成精度与效率的连续谱系，实际应用中需根据研究阶段和计算资源进行合理选择。

计算辅助药物设计中另一个关键步骤是分子筛选。在计算机辅助药物设计中，虚拟筛选技术体系包含三大核心策略。①基于分子对接的虚拟筛选作为主流方法，通过模拟配体-受体三维空间匹配及能量互补特性，从千万级化合物库中快速锁定具有高结合亲和力的候选分子，再经体外活性验证和结构修饰提升成药性。②与虚拟筛选形成技术互补的药效团筛选策略，着重提取靶点结合腔的关键理化特征（如氢键供受体、疏水区域等），构建三维药效特征模型，据此筛选满足空间与电子性质匹配的化合物。③基于定量构效关系（QSAR）的筛选方法通过建立分子结构描述符与生物活性的数学模型，实现候选化合物活性的精准预测，该方法特别适用于同源化合物库的活性趋势评估。这三种技术路线形成多方法的筛选网络，其中分子对接侧重物理相互作用模拟，药效团模型强调特征匹配，QSAR 则倚重数据建模预测，共同构成现代药物虚拟筛选的方法论基础。

1.5.3 结构的计算模拟

分子动力学模拟作为计算化学的核心技术，基于经典牛顿力学框架，通过数值求解分子体系中原子的运动轨迹，实现从微观粒子运动到宏观热力学性质的跨尺度解析。其核心原理在于构建分子系统的哈密顿量，该量值包含所有粒子的动能与势能信息，其中动能和粒子的运动相关，势能描述依赖分子力场的精准参数化。典型模拟生物体系包含蛋白、配体分子、溶剂分子及离子等，研究膜蛋白系统时还需整合磷脂双分子层，系统复杂度通常达到数万至百万原子量级。

当前主流的生物分子动力学模拟工具有 AMBER、NAMD 和 GROMACS 等。AMBER 具有优化的 GPU 加速架构和友好的教程体系，易于上手，非常适合初学者和实验人员使用；NAMD 的大规模并行计算效率较高，可高效处理超大型生物分子体系；而 GROMACS 是一个开源工具，具有高灵活性和扩展性，通过 PLUMED 插件集成多种增强采样算法，在自由能采样等领域具有非常广泛的应用。这些计算模拟工具虽然各具特色，但均遵循“能量最小化-体系平衡-产生模拟”的标准模拟流程，人们可以根据自身需求选择合适的工具进行计算。

1.5.4 蛋白质设计

蛋白质工程研究历经从传统经验模式向计算智能设计的范式转变。传统研究范式依赖天然蛋白质的分离纯化与结构解析，通过基因突变和化学修饰进行有限改造，但在实际应用中面临双重瓶颈：天然蛋白质库存在结构功能多样性不足的先天限制，而且定向改造过程受制于实验筛选的随机性和耗时性。这种“发现-改造”路径难以满足药物研发对靶标蛋白精准调控的迫切需求。

自 20 世纪 80 年代以来，人们就利用计算方法进行蛋白质全新设计。经典的方法将分子力学势能面优化引入蛋白质逆向设计，开创了基于物理原理的计算设计先河。经典方法包含三大方向：分子力学方法通过能量最小化策略探索稳定构象空间；分子动力学模拟拓展至时间维度解析构象动态演变；量子力学计算则从电子结构层面揭示催化活性位点的作用机制。这些方法共同构建了蛋白质理性设计的物理基础框架。

人工智能的快速发展催生了蛋白质设计新范式。深度学习技术通过自主提取海量序列-结构-功能关联特征，突破传统物理模型的维度限制。以 AlphaFold2 为代表的预训练模型实现结构预测精度革命性提升，而生成对抗网络、扩散模型等架构创新推动设计策略从局部优化转向全局生成。这种数据驱动方式不仅大幅提升设计效率，更赋予了全新蛋白质拓扑结构的创造能力。

计算设计技术也在改变生物医药研发过程。在酶定向进化工程中，计算预测指导突变体筛选使改造周期缩短至原来的几十分之一；抗体人源化设计通过表面电荷优化显著降低免疫原性；基于构象动态分析的蛋白药物稳定性提升方案已进入临床转化阶段。随着计算机技术和计算生物学的不断发展，蛋白质设计计算方法将会越来越成熟，为生命科学、医学、化学等领域的发展做出更大的贡献。

参考文献

[1] 朱圣庚，徐长法．生物化学[M]．4 版．北京：高等教育出版社，2017.

[2] Berman H M，Westbrook J，Feng Z，et al. The protein data bank[J]. Nucleic Acids Research，2000，28 (1)：235-242.

[3] Jumper J，Evans R，Pritzel A，et al. Highly accurate protein structure prediction with AlphaFold[J]. Nature，2021，596：583-589.

[4] Kortemme T. De novo protein design—From new structures to programmable functions[J]. Cell，2024，187 (3)：526-544.

第二章 分子动力学模拟基本原理

2.1 引言

分子动力学模拟（MD）是一种利用计算机技术来模拟复杂化学系统及生物分子内部原子间相互作用和运动状态的方法。分子动力学中将每个原子核视为在其他原子核和电子所产生的经验势场作用下的点，遵循牛顿运动定律进行移动，从而追踪整个体系中粒子的运动轨迹。随后，运用统计力学的原理，可以从这些轨迹中推导出物质的宏观结构和性质等信息。1977 年，McCammon 等人率先将分子动力学模拟技术引入蛋白质研究领域，揭示了蛋白质内部原子运动对其功能的影响，这是传统化学实验未曾捕捉到的现象。此后，科研人员开发了多种针对不同物质的势函数，使得分子动力学模拟逐渐成为研究生物大分子的关键手段，与实验手段互为补充，极大地推动了人们对多种生物过程的认识。分子动力学作为一种强大的工具，能够描绘复杂体系随时间演变的动态过程，在化学、物理、材料科学以及生命科学等多个领域均有广泛应用，是当前探索庞大复杂体系的首选计算方法。

分子动力学模拟在过去几十年中由于计算规模以及物理模型的局限，其可及的时间尺度和准确性受到限制。分子动力学模拟的时间尺度通常短于大多数生物分子事件发生的时间尺度，例如蛋白质折叠、药物结合和主要构象变化等通常发生在微秒到毫秒级时间尺度，而早期的分子动力学模拟一般局限在纳秒级时间尺度。软件对多处理器并行计算的优化使得分子动力学模拟的效率和可扩展性大大提高。例如，IBM 的 Blue Matter 代码，广泛使用的分子动力学工具包括 NAMD、GROMACS 和 AMBER 以及 Desmond 软件包，都在近年来显著提升了并行性能，能够在商品计算机集群上实现超过 100 ns/d 的模拟速度。GPU 最初设计用于加速三维图形渲染，由于其能够在单个芯片上并行执行大量相同的计算，逐渐被用于科学计算。一些分子动力学模拟可以在计算机显卡上运行，一个或几个 GPU 的模拟性能常常可与小型到中型计算机集群相媲美。以 Anton 为代表的专用机器在分子动力学模拟方面取得了巨大的速度提升。Anton 是专门为分子动力学模拟设计的超级计算机，通过特殊用途芯片、新的并行化算法和软件的结合，能够实现高达 20 μs/d 的模拟速度，比其他硬件/软件组合快约两个数量级。

近年来，硬件、软件和算法的创新使得分子动力学模拟能够达到毫秒级时间尺度，并直接观察到各种重要的生化过程。另外，生物分子模拟的力场得到了显著改进。例如，AMBER 和 CHARMM 力场对蛋白质主链和侧链的扭转角参数进行了调整，还对可电离氨基酸残基的电荷分布进行了修改，并改进了脂质和小分子药物的参数。此外，研究者也在开发具有更复杂功能形式的力场，如极化力场，以更好地捕捉环境变化时每个原子周围电子的重新分布。

2.2 生物体系中的相互作用

在生物体系中，各种物理相互作用共同维持着生命活动的正常进行。这些相互作用包括疏水作用、氢键、静电相互作用和范德瓦耳斯相互作用等，它们在生物分子的结构、功能以及生物过程中发挥着至关重要的作用。

2.2.1 疏水作用

疏水作用是指非极性分子在水中倾向于聚集在一起以减少与水的接触面积的现象。在生物体系中，疏水作用主要由非极性的碳氢基团之间的相互吸引产生。

疏水作用在生物分子中起着十分重要的作用。疏水作用是蛋白质折叠的主要驱动力之一。在蛋白质折叠过程中，非极性氨基酸残基倾向于聚集在蛋白质内部，形成疏水核心，而极性氨基酸残基则暴露在蛋白质表面，与水相互作用。另外，生物膜主要由磷脂双分子层组成，其中磷脂分子的疏水尾部相互聚集，形成膜的内部疏水区域，而亲水头部则与水相互作用，形成膜的表面。

2.2.2 氢键

氢键（hydrogen bond）是生物体系中重要的弱相互作用力，属于由电负性差异引发的偶极-偶极相互作用（图 2-1）。当氢原子与高电负性原子（如 O、N、F 等）形成共价键时，由于电子云强烈偏向电负性原子，裸露的质子与相邻分子中带有孤对电子的电负性原子产生静电吸引。典型的氢键键长在 0.15～0.25 nm 之间，键能为 4～40 kJ/mol，强度约为共价键的 1/10，但比范德瓦耳斯力强 5～10 倍。

氢键具有显著的方向性和饱和性特征：方向性体现在供体-氢-受体三者通常呈直线排列（键角接近 180°），饱和性表现为单个氢原子只能形成一个氢键。这种特性使其在生物大分子结构构建中发挥关键作用：①在蛋白质二级结构中，α-螺旋通过主链羰基氧（C═O）与相隔 3～4 个氨基酸残基的氨基氢（N—H）形成周期性氢键网络（每个螺旋周期含 3.6 个残基），β-折叠则依靠相邻肽链反向或同向排列时形成的跨链氢键维持片层结构；②在核酸分子中，DNA 双螺旋通过嘌呤与嘧啶碱基间的互补氢键配对（A-T 间 2 个，C-G 间 3 个）实现遗传信息的精确存储与复制。

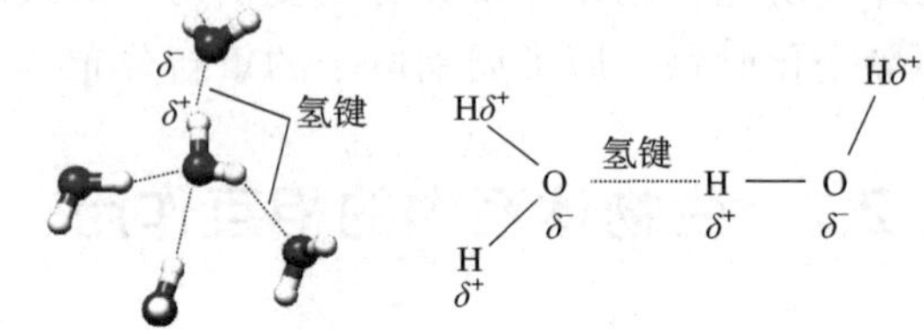

图 2-1 氢键示意图

2.2.3 静电相互作用

静电相互作用（electrostatic interaction）是生物体系中重要的分子作用力之一，指带电粒子或极性分子间通过库仑力产生的吸引或排斥作用。根据库仑定律，这种作用力的大小与电荷量的乘积成正比，与介电常数和粒子间距的平方成反比。

在生物系统中，静电作用主要表现为以下三种形式：①带电氨基酸残基间的离子键作用（图 2-2）；②极性基团间的偶极-偶极相互作用；③带电基团与溶液反离子间的离子-偶极作用。这些作用对维持生物大分子的空间构象和生理功能具有重要作用。以蛋白质为例，表面带正电荷的精氨酸、赖氨酸残基常与邻近的谷氨酸、天冬氨酸等带负电荷的残基形成离子对，这种动态的电荷互补作用不仅有助于稳定 α-螺旋、β-折叠等二级结构，还能通过长程作用（作用距离可达 1nm）调控蛋白质三级结构的折叠过程。

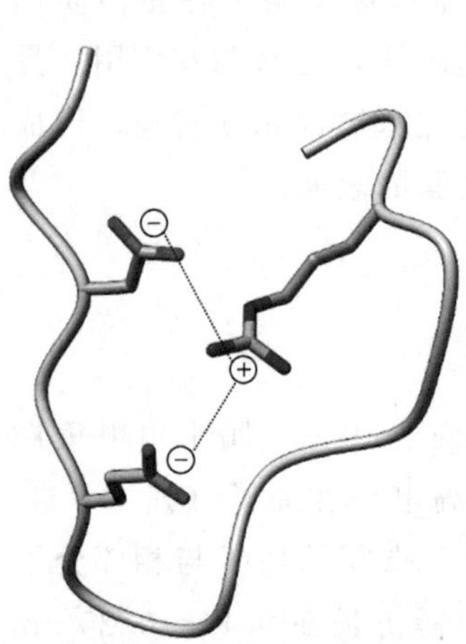

图 2-2 带电残基间发生的相互作用

静电相互作用通过电荷互补或者介导构象变化的方式调控生物分子的功能。电荷互补能显著提高结合特异性，如溶菌酶活性中心带负电荷的羧酸基团可精准识别细菌细胞壁中带正电荷的多糖链。又如电压门控钠离子通道的跨膜螺旋在膜电位改变时发生定向位移，导致通道孔径变化。

2.2.4 范德瓦耳斯相互作用

范德瓦耳斯相互作用（van der Waals interaction）是分子间普遍存在的弱作用力体系，其本质源于量子力学涨落引起的瞬时偶极-偶极相互作用。根据作用机制可分为三类：①伦敦色散力（London dispersion force），由分子电子云瞬间不对称分布引发的瞬时偶极相互吸引，存在于所有原子/分子间；②德拜诱导力（Debye induction force），由永久偶极诱导邻近分子产生瞬时偶极的相互作用；③葛生取向力（Keesom orientation force），发生在具有永久偶极的极性分子间的取向排列作用。三类作用中以色散力占比最大（约 70%），特别是在非极性分子体系中起主导作用。

在生物大分子系统中，范德瓦耳斯相互作用对维持大分子结构稳定具有关键作用，蛋白质疏水核心中紧密堆积的侧链通过累积效应维持三级结构。此外，范德瓦耳斯相互作用具有显著的距离依赖性（与 r^6 成反比），这种短程特性使其在生物分子识别中兼具选择性和可逆性的特点。

上述几种作用的强度存在极大差异，其能量估值见表 2-1。

表 2-1 不同相互作用的能量

相互作用项	能量估值/（kcal/mol[1]）
键	100
角度	10
扭转角	1
氢键	2
静电作用	0.5
范德瓦耳斯相互作用	0.1

2.3 分子力场与势函数

分子力学（molecular mechanics，MM）作为经典力学在分子层面的应用体系，其理论框架的构建经历了数十年发展。该方法的起源可追溯至安德鲁斯

[1] 1cal＝4.184J。

1930 年提出的“原子球-弹簧”模型，这一开创性工作首次将化学键抽象为机械弹簧进行数学描述。至 1965 年，斯奈德与沙赫特施耐德通过保留非对角项力常数成功实现了烷烃体系的可转移势函数，确立了现代力场方法的两个核心特点：①考虑次近邻非键相互作用；②必须区分不同杂化态原子（如 sp^3 与 sp^2 碳原子）的化学环境。这些发现为后续力场参数化奠定了理论基础。

分子力学在处理包含大量原子的系统时具有极大的优势。由于量子力学方法需要处理系统中的电子，即使忽略部分电子（如半经验量子化学计算方法），计算仍然非常耗时。相比之下，力场方法（即分子力学）忽略电子运动，仅根据核位置计算系统能量，能够高效处理大规模系统。在某些情况下，分子力学可以提供与高精度量子力学计算相当的结果，而计算时间却大大缩短。

此外，分子力场的可迁移性是分子力学的另一个重要特点，它使得一组在少量数据上开发和测试的参数能够应用于更广泛的问题。例如，从小分子数据中开发的参数可用于研究聚合物等大分子系统。这种可转移性和高效性使得分子动力学模拟成为研究复杂分子系统的重要工具。

2.3.1 分子间相互作用的势函数

分子力场是分子动力学模拟的基础，合适的力场对于准确描述体系内原子间相互作用极其关键，也决定了模拟的精度。力场可以看作体系运动势能面的经验表达式，其中的一些参数通常是由实验或者量子化学计算得到。经典力场势函数一般有如下形式：

$$U=U_{nb}+U_b+U_\theta+U_\phi+U_\chi+U_{ele} \tag{2-1}$$

式中，U 代表总势，其中 U_{nb} 表示非键结势，即非键相互作用部分，它描述了未形成化学键的两个原子间存在的范德瓦耳斯力。在非键结势中，Lennard-Jones（LJ）势是一种最为常见的形式。U_b 代表键的伸缩势项，用于描述通过化学键相连的原子间的相互作用，其一般形式为简谐振动势。U_θ 是键角弯曲势项，它描述了由连续三个键结的原子所形成的键角的相互作用，其常见形式为键角的简谐振荡势。U_ϕ 表示二面角扭曲势项，它涉及分子中二面角扭转的势能。U_χ 为离平面振动势项，它描述了分子中共平面的四个原子中，中心原子相对于平面的微小振动，这种振动的势能即为离平面振动项（也称为面外弯曲项）。此外，U_{ele} 代表库仑作用势项，它描述了带电粒子间的静电相互作用。在生物大分子领域的模拟中，常用的力场包括 AMBER、CHARMM 和 GROMOS 等。应用最广泛的是 AMBER 及 CHARMM 力场。

2.3.2 分子力学力场的特点

分子力学力场的完整定义包含函数形式和参数两大核心要素。函数形式用于描述各类相互作用的势能特征，而参数通过实验或理论数据拟合确定。函数形式与参数的协同作用决定了力场的适用范围与精度：采用相同函数式的不同参数组可呈现显著性能差异，而不同数学表达式（如 UFF 力场的简化式与 CFF 力场的复杂式）亦可能达到相近计算精度。需要强调的是，力场作为自洽的能量函数体系，其总能量分解为独立作用项的划分方式（键伸缩、键角弯曲等）本质上属于数学近似，跨力场参数混用将破坏物理自洽性。但键长与键角参数因耦合度较低（耦合系数通常小于 0.05），在同类化学环境中允许参数移植。

可迁移性是现代力场设计的核心特征，其表现为同一参数组可准确描述系列相关分子的结构与性质。例如，所有正烷烃可采用统一参数建模，无需为每个分子单独优化。此特性源于分子间化学作用的相似性，通过合理参数泛化可大幅提升计算效率。然而，对于需极端精度的小体系（如酶活性位点），仍需开发参数捕捉特定效应。这体现了力场开发中的“精度-效率”权衡策略，在普适性与精确性间建立最优解，既满足大规模分子模拟需求，又保留关键的优化空间。

分子力学的经验性特征决定了不存在“绝对正确”的力场形式。当前主流分子力学力场（如 AMBER、CHARMM、OPLS）具有非常类似的函数形式，然而，造成函数形式相似的原因更多源于历史经验而非理论必然。类模型虽然能反映系统内相互作用的物理图景，但在为新的分子类别开发力场时，可能存在更优的函数形式。随着计算机性能的提升，更复杂的模型有望提供更高的计算精度。

原子类型的定义是分子力学力场的另一个关键特点。在量子力学计算中，输入需指定原子序数、几何结构、总电荷和自旋多重度，而力场虽不严格要求总电荷和自旋多重度，但需为每个原子分配原子类型。原子类型不仅包含原子序数，还涵盖杂化状态及局部环境信息。比如，碳原子的杂化状态可以分为 sp^3 杂化（四面体几何）、sp^2 杂化（三角形）和 sp 杂化（线性结构）等。不同杂化类型的碳原子具有不同的参数：sp^3 碳的参考键角 θ_0 接近 109.5°，sp^2 碳的 θ_0 接近 120°。接下来将详细讨论分子力学力场的各作用项及其常用函数形式。

2.3.3 键的伸缩振动能

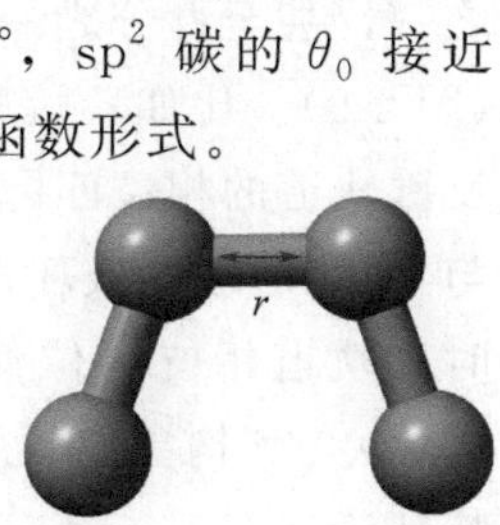

图 2-3 键的伸缩振动

以苯丙氨酸（其结构如图 2-3 所示）为例，可明确区分多种化学键类型，包括 C(sp^2)—C(sp^2)、C(sp^2)—

C(sp³)、O—H、C═O 等。对于此类键的描述，通常采用简化表达式。其中最基本的方法源自胡克定律，其能量项表述为：

$$U_{AB}=\frac{1}{2}k_{AB}(r_{AB}-r_{0,AB})^2 \tag{2-2}$$

式中，k_{AB} 为力常数；r_{AB} 表示瞬时键长；$r_{0,AB}$ 为平衡键长。原子间的键合力非常强，要使键显著偏离其平衡值需消耗大量能量。这一特性直接反映在键伸缩的力常数数值上：更强的键（如 C≡C 对比 C—C，或 N≡N 对比 N—N）对应更大的力常数。例如，某键的力常数为 300 kcal/(mol · Å²)，若键长偏离参考值 0.2 Å，系统能量将增加 12 kcal/mol。

2.3.4 键的弯曲振动能

在分析分子振动时，需进一步考虑键的弯曲振动能（图 2-4）。此类能量项通常采用简谐势形式表示，其通用表达式针对相连的三原子体系 A-B-C 可写作：

$$U_{ABC}=\frac{1}{2}k_{ABC}(\theta_{ABC}-\theta_{0,ABC})^2 \tag{2-3}$$

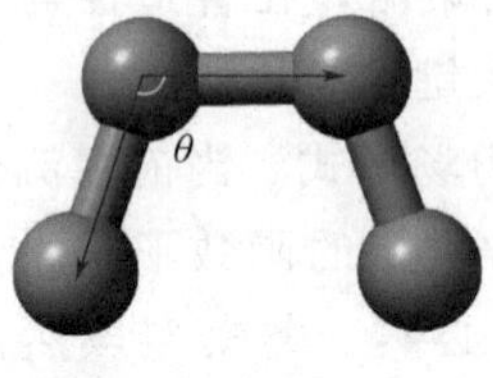

图 2-4　键的弯曲振动

式中，k_{ABC} 为弯曲力常数；θ_{ABC} 为瞬时键角；$\theta_{0,ABC}$ 为平衡键角（对应势能极小点）。该能量项亦可采用余弦函数形式表达：

$$U_{ABC}=\frac{k_{ABC}}{2\sin^2\theta_{0,ABC}}(\cos\theta_{ABC}-\cos\theta_{0,ABC})^2 \tag{2-4}$$

2.3.5 二面角能

键伸缩与键角弯曲被归类为“硬”自由度（hard degrees of freedom），它们的变化往往需要消耗较大的能量。作为对比，键旋转对应的二面角项属于“软自由度”，其变化所需的能量较少。二面角旋转的能垒一般为键角弯曲能垒的十分之一，甚至百分之一。围绕化学键旋转能量分析对理解分子结构特性至关重要（图 2-5）。比如乙烷的二面角能可以看作是源于 σ(C—C) 成键轨道与 σ^*(C—H) 反键轨道的相位匹配效应。在重叠构象（0°或 120°）时，相邻 C—H 键的 σ 轨道与 σ^* 轨道形成破坏性干涉，导致电子密度空洞化；而在交错构象（60°或 180°）时，轨道相位错位使反键作用最小化。对于柔性分子的建模（如蛋白质或聚合物），其构象变化主要由键旋转驱动，因此力场需精确描述此类能量分布特征。

在分子力学力场中，二面角势根据其几何约束特征与化学环境可分为两类：

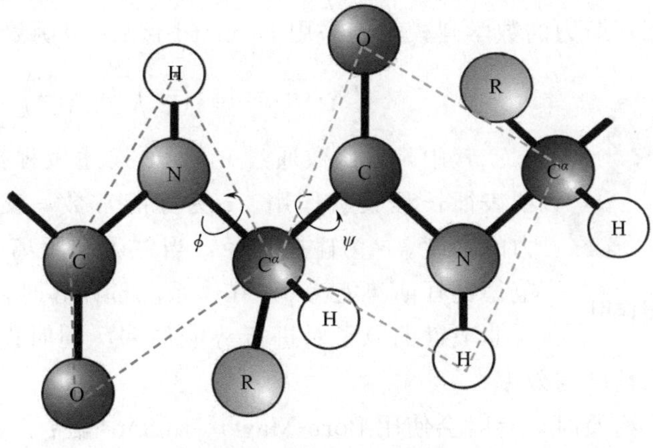

图 2-5 蛋白质主链二面角

（1）Proper 二面角（自由旋转型）

描述四个连续原子 A-B-C-D 的空间取向，其中 B-C 为可自由旋转的化学键（如乙烷 C—C 单键）。其势函数通常采用傅里叶级数表达周期性：

$$U(\phi)=\sum V_n[1+\cos(n\phi-\delta_n)] \tag{2-5}$$

式中，ϕ 为二面角；n 表征旋转对称性阶数，由化学键的类型决定（比如单键 n 通常为 3，双键或者共轭体系 $n=1$ 或者 2）；V_n 是扭转能垒，用于表征旋转过程中能量最大的变化幅度；δ_n 为角度偏移相位因子，用于调整能量曲线的中心位置。

（2）Improper 二面角（受限旋转型）

用于维持平面构型或特定立体化学结构，常见于芳香环平面性约束（如苯环 C—C—C—H 二面角）和手性中心构型保持（如氨基酸 L/D 构型）。其势能多采用简谐势形式：

$$U(\phi)=\frac{1}{2}k(\phi-\phi_0)^2 \tag{2-6}$$

式中，k 为势能常数；ϕ 为二面角；ϕ_0 为平衡位置二面角。

2.3.6 长程作用能

在分子体系中，长程作用（long-range interaction）或者非成键相互作用（non-bonded interaction）是指未形成化学键的独立分子或原子之间通过空间效应产生的长程作用力。这类相互作用虽不涉及电子共享或转移，但对维持分子构象稳定性、调控分子间识别过程具有决定性作用。从作用机制角度，非成键相互作用的能量特征可表示为原子间距（r）的负幂次函数形式（图 2-6）。在经典分子力学力场中，非成键作用项主要包含范德瓦耳斯相互作用和静电相互作用两大类。其中范德瓦耳斯力的数学建模普遍采用 Lennard-Jones 势函数形式：

$$U_{\mathrm{LJ}}(r)=4\varepsilon\left[\left(\frac{\sigma}{r}\right)^{12}-\left(\frac{\sigma}{r}\right)^{6}\right] \tag{2-7}$$

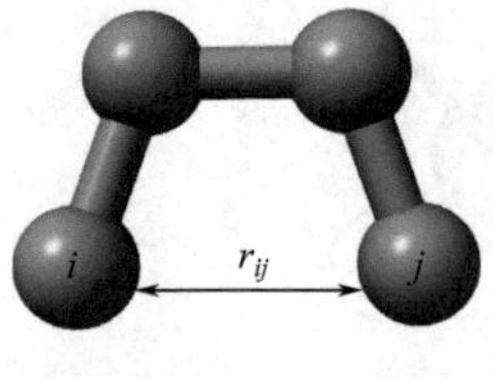

图 2-6　长程作用

其中，该函数通过 r^{-12} 项描述短程排斥作用，r^{-6} 项表征长程吸引作用。ε 为势能常数，反映粒子间吸引力的强度。σ 为碰撞直径，当粒子间距离为碰撞直径时，范德瓦耳斯势能为 0。在体系能量计算时，需遍历所有符合非成键的原子对进行势能加和，同时设置合理的截断半径以平衡计算精度与效率。

在处理极性物质时，有时会使用 Born-Mayer-Huggins 势：

$$U_{\mathrm{BMH}}(r)=A\exp(-Br)-\frac{C_6}{r^6}-\frac{D_8}{r^8} \tag{2-8}$$

其中，$A\exp(-Br)$ 为 Born-Mayer 排斥项，A 为排斥强度参数，B 是由离子的大小和“柔软度”决定的硬度参数，描述排斥力衰减的特征长度。$-\frac{C_6}{r^6}$、$-\frac{D_8}{r^8}$ 共同组成 Huggins 修正项，前者为色散力项（吸引项），后者为超短排斥项，防止粒子过度靠近。

一些力场对形成氢键的原子有特殊计算方式，它们将其视为非键相互作用，但将计算非键作用中所用的 Lennard-Jones 12-6 势改变成 12-10 版本。

$$U_{\mathrm{HB}}(r)=\frac{C_{12}}{r_{\mathrm{HB}}^{12}}-\frac{C_{10}}{r_{\mathrm{HB}}^{10}} \tag{2-9}$$

大部分的分子力场都把体系中的每个原子赋予一个部分电荷，从而考虑原子间的静电相互作用。静电相互作用是分子力场中描述带电粒子间库仑作用的核心能量项，通过长程电场对空间电荷分布产生吸引或排斥作用。静电势能通常采用库仑定律进行建模。对于原子 A 和 B，其静电势表达形式为：

$$U_q=\frac{1}{4\pi\varepsilon_0}\frac{q_{\mathrm{A}}q_{\mathrm{B}}}{r_{\mathrm{AB}}} \tag{2-10}$$

式中，q_{A} 和 q_{B} 分别是原子 A 和 B 带的部分电荷；ε_0 是真空介电常数；r_{AB} 是原子间的距离。

2.3.7　力场参数的获取

力场的参数化是一项复杂且耗时的任务，一般通过实验与计算数据的比较确定势函数参数。力场参数化具有以下特点：①高维度性，即使简单分子体系也涉及成百上千个参数，需处理多维优化问题。②参数敏感性，体系能量对非键合参数（如 Lennard-Jones 势的 ε、σ）、扭转能垒高度等敏感参数依赖性显著。③分阶优化必要性，键长、键角等“硬自由度”参数相对独立，可直接移植或单独优化；而非键合项与扭转项等“软自由度”存在强耦合，需全局协同优化。

参数化过程需首先选择指导数据：分子几何结构、相对构象能是核心数据集，振动频率因难以重现常需引入交叉项辅助，而热力学性质（如 OPLS 力场通过模拟液体性质获取）也可作为校准目标。对于缺乏实验数据的分子类别，量子力学计算成为重要补充，通过小型代表性系统的从头算数据扩展力场适用范围，但仍需与实验交叉验证以确保可靠性。

确定函数形式和数据后，参数获取通常采用“试错优化法”，即逐步调整参数以拟合目标数据。由于参数间存在耦合，大规模同步优化困难，需分阶段进行。第一阶段优化的硬自由度（键伸缩、角弯曲）参数相对独立，在不同力场中差别较小，常可直接移植于不同力场；第二阶段的软自由度（非键合、扭转项）间相互影响显著，需协同优化。典型流程为先建立范德瓦耳斯参数，随后通过静电势拟合确定电荷模型，最后校准扭转势以匹配构象能差异。此过程需反复迭代，任何阶段均可能回溯修正参数。

力场参数化本质上是动态迭代过程，需平衡参数独立性与系统耦合性。尽管硬自由度参数可分离处理，但非键合与扭转项的紧密关联要求全局视角。例如，范德瓦耳斯参数设定可能影响静电模型精度，而扭转势的修正需兼顾构象能与空间位阻效应。这种复杂性使得参数化既依赖科学直觉（如分阶段优化策略），也需计算技术的支撑（如自动化拟合算法）。最终，一个稳健的力场需通过多尺度数据验证，并在实际应用中持续微调，方能实现化学空间的广泛适用性。

2.3.8 常用分子力场

目前生物计算模拟中常用的力场包括 AMBER 力场、CHARMM 力场以及 GROMOS 力场等。

（1） AMBER 力场

AMBER（assisted model building with energy refinement）力场是广泛应用的一种力场，尤其在生物分子体系的研究中发挥着重要作用。AMBER 力场由美国加利福尼亚大学旧金山分校的 Peter Kollman 等人开发。自 20 世纪 80 年代以来，经过多年的不断发展和完善，AMBER 力场已经成为生物分子模拟领域的重要工具之一。其发展过程中结合了大量的实验数据和量子化学计算结果，以提高力场的准确性和可靠性。

AMBER 力场采用经典的分子力学力场形式，将分子的势能表示为成键项和非成键项之和。成键项包括键长、键角和二面角的势能贡献。键长项通常采用谐振子势函数，具体表现为势能与键长偏离平衡键长的平方成正比。键角项也采用类似的谐振子势函数，描述键角偏离平衡键角的情况。二面角项则较为复杂，通常采用傅里叶级数形式的势函数，以描述分子中扭转角的变化。非成键项包括范德瓦耳斯相互作用和静电相互作用。范德瓦耳斯相互作用通常采用 Lennard-Jones 势函数，描述分子间的短程相互作用。静电相互作用则采用库仑定律，描述分子间的长程相互作用。

AMBER 力场的参数主要通过量子化学计算和实验数据拟合得到。对于蛋白质和核酸等生物分子，大量的实验数据，如晶体结构、核磁共振（NMR）数据等，被用于优化力场参数。通过将模拟结果与实验数据进行比较，不断调整力场参数，以提高模拟的准确性。量子化学计算在参数化过程中发挥重要作用。例如，通过对小分子的量子化学计算，可以得到分子的电荷分布、键长、键角等参数，这些参数可以作为力场参数的初始值。然后，通过对生物分子体系的模拟和与实验数据的比较，进一步优化力场参数。

(2) CHARMM 力场

CHARMM（chemistry at Harvard macromolecular mechanics）力场由哈佛大学的 Martin Karplus 等人开发。自 20 世纪 70 年代末以来，CHARMM 力场经历了不断的发展和完善。它最初是为了模拟蛋白质和核酸等生物大分子而设计的，随着时间的推移，逐渐扩展到包括脂质、糖类、药物分子等多种分子体系。

CHARMM 力场的发展过程中，融合了大量的实验数据和量子化学计算结果。研究人员通过对各种生物分子的晶体结构、核磁共振数据、热力学性质等进行分析，不断调整力场参数，以提高模拟的准确性和可靠性。同时，量子化学计算也被用于验证和优化力场参数，确保力场能够准确地描述分子的电子结构和化学键性质。在力场函数中，CHARMM 力场显式地考虑了氢键的作用，通过特殊的势函数来描述氢键的形成和断裂。

(3) GROMOS 力场

GROMOS（Groningen molecular simulation）力场的键伸缩势函数不同于常见的二次方谐振子势函数或可描述分子解离的 Morse 势函数，而是一种“平方差的平方”函数形式。这种形式只需要计算形成化学键的两个原子之间的距离平方，无需计算耗时的平方根，在保证一定精度的前提下，显著提高了计算效率，尤其适用于分子动力学模拟这种需要大量计算的过程。在键角弯曲势的计算中，通常需要求反余弦函数来得到键角数值，但当键角接近 180°时，数值受截断误差影响会在 0°和 180°之间跳跃，导致势函数取值不稳定。GROMOS 力场的键角弯曲势函数避免了这种不稳定性，充分考虑了计算的有效性。

另外，赝扭曲势是 GROMOS 力场中非常重要的势能项。一方面，它能够保证羰基结构、芳香环结构、蛋白质骨架中酰氨基结构、DNA 分子中碱基结构等的平面构型，维持这些结构的稳定性和正确性；另一方面，还能保证隐含一个氢原子的 sp^3 杂化碳原子（与碳原子连接的另外三个原子为非氢原子，显式处理）的正确四面体结构，避免因计算引起的光学活性中心的错误消旋。

GROMOS 力场有 57 种原子类型，对应 57 组 Lennard-Jones 12-6 势参数。并且，异种原子之间的交叉范德瓦耳斯相互作用，势参数由特定的混合规则计算得到。此外，该力场使用最多可达三种 Lennard-Jones 12-6 势参数，不同的参数用于不同的相互作用情况，如通常的范德瓦耳斯相互作用、氢键受体和氢键供体之间的范德瓦耳斯势以及具有相同电荷的两个离子间的范德瓦耳斯势等，使非键相互作用的描述更加准确。

2.3.9 水分子力场

作为自然界中最重要的溶剂，水分子虽结构简单，却因其独特的氢键网络和极化特性成为检验力场模型的典型体系。计算机模拟可有效获取水的热力学性质、结构特征及动力学行为，并与实验数据形成互补验证。然而，水体系建模面临两大挑战：其一，氢键的强方向性与多体效应需高精度势函数描述；其二，宏观液态水模拟需处理数万至百万分子规模，要求模型兼具计算效率与物理真实性。

当前水模型可以分为三类。在简单的相互作用位点水模型中，每个水分子都保持刚性几何结构，分子间的相互作用用成对的库仑和 Lennard-Jones 表达式来描述。为了进一步提高精度，人们开发出包含极化效应和多体效应的复杂水模型。此外，也可以通过量化计算直接“从头计算”水分子能量。

（1）简单水模型

简单刚性模型是分子动力学模拟中应用最广泛的模型。简单水模型在三到五个作用位点之间分布（图 2-7）。TIP3P 和 SPC 模型总共使用三个位点来进行静电相互作用，氢原子上的部分正电荷通过氧原子上相应的负电荷来精确平衡。两个水分子之间的范德瓦耳斯相互作用是通过每个分子以氧原子为中心的单个作用点使用 Lennard-Jones 函数来计算的，不考虑涉及氢原子的范德瓦耳斯相互作用。TIP3P 和 SPC 模型在每个水分子的几何结构、氢原子电荷以及 LJ 参数上略有不同。

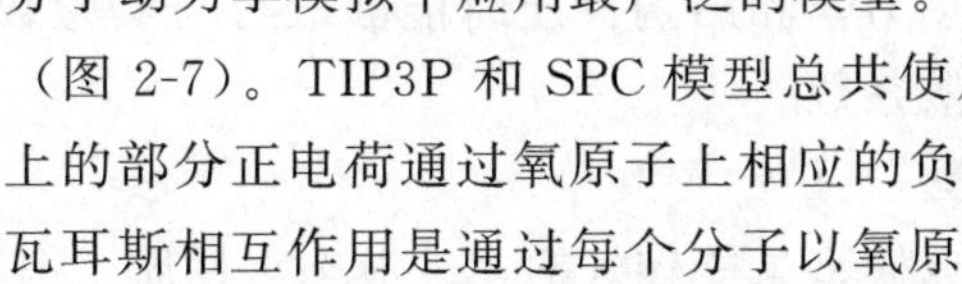

图 2-7 水模型

Jorgensen 等人提出的 TIP4P 模型具有四个位点，将负电荷从氧原子转移到沿 H-O-H 角平分线指向氢原子的一点。这两个模型的参数也在表 2-2 中给出。最常用的五位点模型是 ST2 和 TIP5P 模型。在该模型中，电荷被放置在氢原子和氧原子上的两个孤对电子位点上。静电贡献通过调制，使得当氧-氧距离小于 2.016 Å 时，静电贡献为零，而当距离大于 3.1287 Å 时，静电贡献达到最大值。在这两个距离之间，静电作用通过一个 switch 函数，在较短距离的 0.0 平滑变化到在较长距离的 1.0。

表 2-2 不同水模型的参数

水模型	SPC	SPC/E	TIP3P	TIP4P	ST2	TIP5P
r(OH)/Å	1.0	1.0	0.9572	0.9572	1.0	0.9572
角（HOH）/(°)	109.47	109.47	104.52	104.52	109.47	104.52
$A_{LJ}\times10^{-3}$/（kcal · $Å^{12}$/mol）	629.4	629.4	582.0	600.0	238.7	582.0
C_{LJ}/（kcal · $Å^{6}$/mol）	625.5	625.5	595.0	610.0	268.9	595.0
q(O)	−0.82	−0.8472	−0.834	0.0	0.0	0
q(H)	0.41	0.4238	0.417	0.52	0.2375	0.241
q(M)	0.0	0.0	0.0	−1.04	−0.2375	−0.241
r(OM)/Å	0.0	0.0	0.0	0.15	0.8	0.70

对水使用刚性模型显然是一种近似，这意味着有些性质根本无法确定。例如，只有当考虑内部柔性时才能计算振动光谱。柔性可通过在刚性模型的势函数上引入键伸缩和角弯曲项来实现。这些模型中的部分电荷和范德瓦耳斯参数与刚性模型略有不同，并且通过立方和调和键伸缩项以及一个调和角弯曲项实现了柔性。这些模型在计算热力学和结构性质时能够取得与实验数据吻合较好的结果，包括介电常数和自扩散系数。

（2）可极化水模型

简单相互作用位点模型虽能较好描述纯液态水性质，但在高精度计算需求场景中显露出局限性。特别是在含强电场梯度的非均相体系（如离子溶液）和溶质-溶剂界面区域，此类模型的准确性显著下降。而采用显式包含极化效应和三体相互作用的模型，能够准确再现水在固/气相及其相界面行为，并使孤立水分子偶极矩更接近气相实测值。

最早的可极化水模型由 Barnes 等人提出，通过包含一个 1.855 D 偶极矩和一个由孤立分子量子力学计算确定的四极矩的多极展开来表示水分子上电荷分布。极化效应是通过周围分子的偶极子和四极子产生的电场的各向同性分子极化率来计算的。该模型还使用了球对称的 Lennard-Jones 函数。而后极化水模型使用了具有 TIP4P 和 SPC 几何结构的波动电荷。这些电荷被分配用于重现气相分子的正确偶极矩（与等效的非极化模型相反）。

（3）从头计算模型

水模型的从头计算模型具有最高的精度，但计算效率较低。这些模型基于对小团簇水分子进行的从头算量子力学计算。比如 NCC 模型，其结合了带有极化项的二体势能。双体模型与 TIP4P 模型类似，在氢原子上使用部分电荷，并在沿 H-O-H 角平分线的位置上有一个补偿负电荷。

2.3.10 小分子通用力场

（1） GAFF 力场

GAFF（general amber force field）力场是一种适用于有机小分子的通用力场，常用于分子动力学模拟。它由 AMBER 力场扩展而来，旨在为有机小分子提供准确的参数，同时弥补 AMBER 力场在处理此类分子时的局限性，并保持与生物分子模拟的兼容性。

（2） OPLS 力场

OPLS（optimized potentials for liquid simulations）力场是一种广泛应用于分子动力学模拟的力场，尤其在生物分子和有机分子体系的模拟中表现优异。其目标是为广泛分子体系提供准确、高效且兼容性强的势能模型。OPLS 力场的发展基于早期力场的框架，并融合了大量实验数据和量子化学计算结果。

2.4 分子体系运动方程及求解

在分子动力学模拟中，体系的连续构象演化通过数值积分牛顿运动方程实现。该过程生成的时间演化路径（即轨迹）完整记录了体系中各粒子的空间坐标和速度矢量的时序变化。牛顿力学的基本原理可归纳为：①不受净外力作用的物体将保持匀速直线运动状态；②物体动量变化率等于其所受合外力；③相互作用力始终成对出现且大小相等、方向相反。

在基于牛顿力学的粒子系统模拟中，根据作用力特征可分为三类问题。

（1）孤立碰撞系统

粒子仅在碰撞瞬间受力，碰撞后作匀速直线运动（速度 $\boldsymbol{v}$ 恒定，位移 $\Delta\boldsymbol{r}=\boldsymbol{v}\Delta t$）。典型如硬球模型，适用于稀薄气体动力学模拟。

（2）恒定场作用系统

粒子在碰撞间受恒定外力（如电场中带电粒子受力 $\boldsymbol{F}=q\boldsymbol{E}$）。运动轨迹解析解存在，可精确预测粒子加速过程。

（3）多体耦合系统

粒子受力随其与邻近粒子的相对位置变化（$\boldsymbol{F}=\nabla U(\|\boldsymbol{r}_{ij}\|)$）。此类多体问题通常无解析解，需数值求解耦合微分方程。

最早的分子动力学模拟是使用硬球模型进行的。在这个模型中，球体在碰撞之间以恒定速度沿直线运动。所有碰撞均为完全弹性碰撞，并且当两个球体的中心间距达到两球体半径之和时发生碰撞，碰撞球体的新速度通过应用线性动量守恒原理来计算。诸如硬球势能这样的简单相互作用模型虽然存在许多缺陷，但它们仍然为人们理解粒子的微观行为提供了有用的信息。

在更接近实际的分子间相互作用模型中，每当粒子改变其位置，或者与其相互作用的其他粒子改变位置时，每个粒子所受的力会发生变化。在连续势的影响下，所有粒子的运动都耦合在一起，从而形成一个多体问题，这个问题无法通过解析方法解决。在这种情况下，运动方程需要使用有限差分法进行积分，其中 Verlet 系列算法（如标准 Verlet、Velocity Verlet）因其良好的能量守恒特性而被广泛采用。这些算法通过离散化时间步长，将连续的微分方程转化为可迭代计算的差分方程，从而实现体系在相空间中的演化模拟。

2.4.1 分子体系的运动方程

在分子动力学领域中，有限差分技术常被用于生成具有连续势模型的分子动力学轨迹。在此过程中，假定这些模型是成对可加的，这意味着系统的总势可以通过各个粒子对之间相互作用势的简单相加来获得。

有限差分技术的基本原理是将积分过程拆解为众多细小的阶段，每个阶段在时间轴上间隔一个固定的时间步长 δt。在某一特定时刻 t，对于处于某一构型下的每个粒子而言，其所受到的总力，是该粒子与体系中其他所有粒子相互作用产生的力的矢量和。基于所计算出的这个总力，依据牛顿第二定律便能够确定粒子的加速度。随后，结合 t 时刻粒子的位置和速度信息，运用运动学公式，就可以计算出在时刻 $t+\delta t$ 时粒子的位置和速度。在每个时间步长 δt 内，假定粒子所受到的力保持恒定不变。

当粒子运动到 $t+\delta t$ 时刻的新位置后，再次确定处于这个新位置的粒子所受到的力。然后，基于新的力，按照上述同样的方法，进一步计算出时刻 $t+2\delta t$ 时粒子的新位置和速度。以此类推，不断重复这一过程，从而得到分子动力学轨迹。

有许多使用有限差分方法来积分运动方程的算法，几乎所有的算法都假定位置和动态特性（速度、加速度等）可以用泰勒级数展开来近似：

$$
\begin{aligned}
&\boldsymbol{r}(t+\delta t)=\boldsymbol{r}(t)+\delta t\boldsymbol{v}(t)+\frac{1}{2}\delta t^2 a(t)+\frac{1}{6}\delta t^3 b(t)+\frac{1}{24}\delta t^4 c(t)+\cdots\\
&\boldsymbol{v}(t+\delta t)=\boldsymbol{v}(t)+\delta t a(t)+\frac{1}{2}\delta t^2 b(t)+\frac{1}{6}\delta t^3 c(t)+\cdots\\
&a(t+\delta t)=a(t)+\delta t b(t)+\frac{1}{2}\delta t^2 c(t)\cdots\\
&b(t+\delta t)=b(t)+\delta t c(t)+\cdots
\end{aligned}
\tag{2-11}
$$

式中，$\boldsymbol{v}$ 是速度（位置对时间的一阶导数）；a 是加速度（二阶导数）；b 是三阶导数；c 是四阶导数。

2.4.2 leap-frog 算法

跳蛙算法（leap-frog algorithm）使用以下关系式：

$$
\begin{aligned}
&\boldsymbol{r}(t+\delta t)=\boldsymbol{r}(t)+\delta t\boldsymbol{v}(t+\frac{1}{2}\delta t)\\
&\boldsymbol{v}(t+\frac{1}{2}\delta t)=\boldsymbol{v}(t-\frac{1}{2}\delta t)+\delta t\boldsymbol{a}(t)
\end{aligned}
\tag{2-12}
$$

式中，δt 为时间步长。为了实现跳蛙算法，首先根据 $t-\frac{1}{2}\delta t$ 时刻的速度和 t 时刻的加速度 $\boldsymbol{a}$ 计算 $t+\frac{1}{2}\delta t$ 时刻的速度 $\boldsymbol{v}$。然后，根据计算出的速度和 t 时刻的位置，推导出 $t+\delta t$ 时刻的位置。t 时刻的速度可以通过以下公式计算：

$$
\boldsymbol{v}(t)=\frac{1}{2}\left[\boldsymbol{v}\left(t+\frac{1}{2}\delta t\right)+\boldsymbol{v}\left(t-\frac{1}{2}\delta t\right)\right]
\tag{2-13}
$$

跳蛙算法明确包含了速度，并且不需要计算大数的差值。然而，它在计算时位置和速度不同步，这意味着无法在确定位置（由此确定势能）的同时计算动能对总能量的贡献。

2.4.3 Verlet 算法

Verlet 算法可能是用于积分运动方程中最广泛使用的方法。Verlet 算法使用时刻 t 的位置 $\boldsymbol{r}$ 和加速度 $\boldsymbol{a}$，以及前一步（$t-\delta t$）的位置，来计算 $t+\delta t$ 时刻的新位置 $\boldsymbol{r}(t+\delta t)$：

$$
\begin{aligned}
&\boldsymbol{r}(t+\delta t)=\boldsymbol{r}(t)+\delta t\boldsymbol{v}(t)+\frac{1}{2}\delta t^2\boldsymbol{a}(t)+\cdots\\
&\boldsymbol{r}(t-\delta t)=\boldsymbol{r}(t)-\delta t\boldsymbol{v}(t)+\frac{1}{2}\delta t^2\boldsymbol{a}(t)-\cdots
\end{aligned}
\tag{2-14}
$$

将这两个方程相加得到：

$$\boldsymbol{r}(t+\delta t)=2\boldsymbol{r}(t)-\boldsymbol{r}(t-\delta t)+\delta t^2\boldsymbol{a}(t) \tag{2-15}$$

Verlet 积分算法中并没有明确出现速度。速度可以通过多种方式计算，一种简单的方法是将 $t+\delta t$ 和 $t-\delta t$ 时刻位置的差值除以 $2\delta t$：

$$\boldsymbol{v}(t)=[\boldsymbol{r}(t+\delta t)-\boldsymbol{r}(t-\delta t)]/2\delta t \tag{2-16}$$

或者，可以在半步长处估计速度：

$$\boldsymbol{v}\left(t+\frac{1}{2}\delta t\right)=[\boldsymbol{r}(t+\delta t)-\boldsymbol{r}(t)]/\delta t \tag{2-17}$$

Verlet 算法的实现很直接，存储要求适中，包括两组位置 $\boldsymbol{r}(t)$ 和 $\boldsymbol{r}(t-\delta t)$ 和加速度 $\boldsymbol{a}(t)$。其缺点之一是通过将一个小项 $\delta t^2\boldsymbol{a}(t)$ 加到两个大得多的项 $2\boldsymbol{r}(t)$ 和 $\boldsymbol{r}(t-\delta t)$ 的差中来获得 $\boldsymbol{r}(t+\delta t)$，这可能导致精度损失。Verlet 算法还有其他一些缺点。方程中缺乏显式速度项使得获取速度变得困难，而且在计算出下一步位置之前速度是不可用的。此外，它不是一个自启动算法，新位置是从当前位置 $\boldsymbol{r}(t)$ 和前一时间步的位置 $\boldsymbol{r}(t-\delta t)$ 获得的。在 $t=0$ 时，显然只有一组位置，因此需要采用其他方法来获得 $t-\delta t$ 时刻的位置。一种获得 $\boldsymbol{r}(t-\delta t)$ 的方法是使用泰勒级数，在第一项之后进行截断，即 $\boldsymbol{r}(-\delta t)=\boldsymbol{r}(0)-\delta t\boldsymbol{v}(0)-\delta t\boldsymbol{v}(0)$。

2.5 温度和压力控制

分子动力学模拟传统上是在恒定 NVE（或 NVP）系综中进行的。在实际模拟中，常在恒定的 NVT 和 NPT 系综中模拟，维持温度和压力以确保模拟结果具有物理真实性。通过精确调控微观分子间的相互作用，模拟真实环境下的动态行为。以下将介绍如何在恒定温度和/或恒定压力条件下进行分子动力学模拟。

2.5.1 温度控制目的

温度是体系微观动能分布的宏观表征。在分子动力学模拟中，温度控制的主要目的有三方面。

① 维持热力学平衡：真实体系在恒温环境中会通过热交换达到能量平衡。若模拟中温度失控（如能量积累导致“热失控”），分子运动速度异常，将偏离真实物理状态。

② 反映体系动力学特性：温度直接影响分子扩散速率、构象变化等动态过程。例如，在蛋白质折叠研究中，温度需接近生理条件（约 300 K），才能准确模拟其折叠路径和稳定性。

③ 避免数值误差：分子动力学模拟通过牛顿运动方程迭代计算，若动能过大（温度过高）会导致积分步长不稳定，引发数值发散问题。

通过恒温算法（如 Nosé-Hoover、Berendsen）向体系施加虚拟“热浴”，可调控原子动能，使温度围绕目标值波动，模拟真实热涨落现象。

2.5.2 Berendsen 控温方法

系统的温度与动能的均值有关，对于一个非受限系统，体系动能可以表达为：

$$\langle k\rangle=\frac{3}{2}Nk_{\mathrm{B}}T \tag{2-18}$$

式中，N 为粒子数目；T 为温度；k_{B} 为玻尔兹曼常数。从式子中可以看出，改变体系的动能会调节系统的温度。因此可以对体系中所有粒子的运动速度进行缩放以改变系统整体的动能，从而达到调控温度的目的。如果在 t 时间的温度为$T(t)$，将体系中所有粒子的速度乘以因子 λ，那么体系的温度变化可以计算如下：

$$\Delta T=\frac{1}{2}\sum_{i=1}^{N}\frac{2}{3}\frac{m_i(\lambda v_i)^2}{Nk_{\mathrm{B}}}-\frac{1}{2}\sum_{i=1}^{N}\frac{2}{3}\frac{m_i v_i^2}{Nk_{\mathrm{B}}} \tag{2-19}$$

$$\Delta T=(\lambda^2-1)T(t)$$

$$\lambda=\sqrt{T_0/T(t)}$$

该方法通过计算体系当前温度与目标温度 T_0 的比值确定缩放因子，然后改变体系中粒子的速度，从而达到控制温度的目标。

热浴法（heat bath）是另一种维持温度的控制方法，该方法是将系统置入一个固定温度的外部热浴中。热浴作为热能的来源，根据需要向系统提供或移除热量。在每个时间步对速度进行缩放，使得温度变化率与热浴（T_{bath}）和系统［$T(t)$］之间的温度差成正比：

$$\frac{\mathrm{d}T(t)}{\mathrm{d}t}=\frac{1}{\tau}[T_{\mathrm{bath}}-T(t)] \tag{2-20}$$

τ 是一个耦合参数，其大小决定了热浴和系统耦合的紧密程度。这种方法使系统以指数形式趋向于所需温度。连续时间步之间的温度变化为：

$$\Delta T=\frac{\delta t}{\tau}[T_{\mathrm{bath}}-T(t)] \tag{2-21}$$

速度的缩放因子为：

$$\lambda^2=1+\frac{\delta t}{\tau}\left[\frac{T_{\mathrm{bath}}}{T(t)}-1\right] \tag{2-22}$$

如果 τ 较大，则耦合较弱；如果 τ 较小，则耦合较强。当耦合参数等于时间步长（$\tau=\delta t$）时，该算法等同于速度缩放方法。这种方法的优点是它允许系统在所需温度附近波动。

2.5.3 Nosé-Hoover 控温方法

上述对温度简单缩放的方法并不能生成严格的正则系综平均。速度缩放会人为地增加系统各组分之间的温度差异，这可能导致"热溶剂、冷溶质"现象，即溶质的"温度"低于溶剂的温度。解决这个问题的一种"方案"是分别对溶质和溶剂应用温度耦合，但各组分之间（以及各运动模式之间）能量分布不均的问题仍会存在。有两种方法可以生成严格的正则系综，即随机碰撞方法和扩展系统方法。

在随机碰撞方法中，随机选择粒子并将粒子速度按照玻尔兹曼分布随机选择，进行重新分配。这类似于系统与一个热浴接触，热浴随机发射"热粒子"，这些粒子与系统中的原子发生碰撞。在每次碰撞之间，系统在恒定能量下进行模拟，因此整体效果相当于一系列在略微不同能量下进行的微正则系综模拟。通过计算碰撞引起的能量变化，每个粒子应遭受随机碰撞的平均速率 v 由下式给出：

$$v=\frac{2\alpha n}{3k_{\mathrm{B}}N} \tag{2-23}$$

式中，α 是一个无量纲常数；k_{B} 是玻尔兹曼常数；n/N 是粒子数密度。如果热导率未知，那么可以从分子间碰撞频率得到合适的 v 值。

如果碰撞率太低，那么系统就不会从正则能量分布中取样。如果碰撞率太高，那么温度控制算法就会占优，系统就不会显示出动能预期的波动。在随机碰撞方法中，可以同时改变多个粒子的速度；在极限情况下，所有粒子的速度会同时改变，不过最好在相当长的时间间隔内进行。也可以采用组合方法，影响少数粒子的小碰撞相对频繁地发生，所有粒子速度都受影响的大碰撞在较长时间间隔后发生。

扩展系统方法最初是由 Nosé 为进行恒温分子动力学而引入的，并随后由 Hoover 发展。它将热浴视为系统的一个组成部分。热浴由一个额外的自由度 s 表示。热浴具有势能，其中 f 是物理系统中的自由度数，T 是所需温度。热浴也有动能 $(Q/2)\ (\mathrm{d}s/\mathrm{d}t)^2$。$Q$ 可以被认为是额外自由度的质量。Q 的大小决定了热库与真实系统之间的耦合，从而影响温度波动。如果 Q 很大，那么能量流动缓慢；在趋于无穷大的极限情况下，常规分子动力学得以恢复，且热库与真实系统之间没有能量交换。然而，如果 Q 太小，那么能量会振荡，导致平衡问题。一般 Q 与 $k_{\mathrm{B}}T$ 成正比。

2.5.4 Berendsen 控压方法

正如在分子动力学模拟中维持温度稳定一样，人们也期望能将系统维持在恒定压力下。许多实验测量是在恒温恒压条件下进行的，因此在等温-等压系综（NPT 系综）中的模拟与实验数据最为直接相关。宏观系统通过改变其体积来维持恒定压力。分子动力学模拟也通过改变体积来维持恒定压力。模拟晶胞的等温压缩率与其体积改变量（κ）存在以下关系：

$$\kappa=-\frac{1}{V}\left(\frac{\partial V}{\partial P}\right)_T \tag{2-24}$$

式中，V、P、T 分别为系统体积、压强和温度。在给定压力下，容易压缩的物质体积涨落更大。相反，在恒定体积模拟中，较不易压缩的物质在压力上表现出较大的涨落。在等压模拟中，可以通过在多个或一个方向上改变体积来实现体积变化。等温压缩率与均方体积位移有关：

$$\kappa=\frac{1}{k_B T}\frac{\langle V^2\rangle-\langle V\rangle^2}{\langle V^2\rangle} \tag{2-25}$$

许多用于压力控制的方法与用于温度控制的方法类似。可以通过简单地缩放体积来将压力维持在恒定值。另一种方法是将系统与“压力浴”耦合，类似于温度浴。压力变化率由下式给出：

$$\frac{\mathrm{d}P(t)}{\mathrm{d}t}=\frac{1}{\tau_p}[P_{\mathrm{bath}}-P(t)] \tag{2-26}$$

式中，τ_p 是耦合常数；P_{bath} 是参考压力；$P(t)$ 是时间 t 时的实际压力。模拟晶胞的体积通过因子 λ 缩放，该因子等同于将原子坐标按因子 λ 缩放。

$$\lambda=1-\kappa\frac{\delta t}{\tau_p}[P(t)-P_{\mathrm{bath}}] \tag{2-27}$$

该表达式可以各向同性地（即缩放因子对所有三个方向都相同）或各向异性地（即对三个轴分别独立计算缩放因子）应用。对于生物膜系统，一般将垂直膜方向和沿膜伸展方向分开来计算。

2.5.5 Parrinello-Rahman 压力控制

在该方法中，一个与盒子体积相对应的额外自由度被添加到系统中。与这个自由度相关的动能（可以认为等同于作用在系统上的活塞）是 $\frac{1}{2}Q\left(\frac{\mathrm{d}V}{\mathrm{d}t}\right)^2$，其中 Q 是活塞的“质量”。活塞也有势能 PV，其中 P 是所需压力，V 是系统体积。无限大质量会恢复正常的分子动力学行为。在模拟过程中，体积可以变化，平均体积由系统内部压力和所需外部压力之间的平衡决定。

2.6 体系的边界

2.6.1 边界处理

正确处理边界和边界效应对于模拟方法至关重要，因为它能够从使用相对少量粒子的模拟中计算出“宏观”性质。在实际的物理、化学等体系中，物质往往处于一定的空间范围之内，并非无限延伸。通过设置边界条件，可以限定模拟的区域，使模拟体系更接近真实情况。分子动力学模拟通常只能处理有限数量的粒子。合理的边界处理可以在保证计算精度的前提下，有效地控制模拟体系的规模，减少计算量和存储需求。

2.6.2 周期性边界条件

周期性边界条件是分子动力学模拟里一种极为有效的手段，它能够让研究人员使用相对较少的粒子开展模拟，却使粒子所受的力与处于大量流体中的情形别无二致。不妨想象有一个装载着粒子的立方体盒子，这个盒子会在空间的所有方向不断重复自身，进而构建出一个周期性阵列。图 2-8 呈现的便是一个二维盒子的示意图。在这个二维示例里，每个盒子被八个相邻盒子环绕；而拓展到三维状况时，每个盒子则会拥有 26 个最近邻。对于图像盒子中粒子的坐标，计算方式

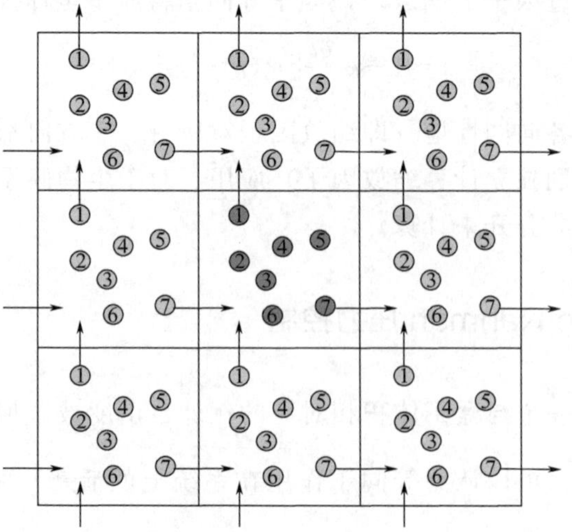

图 2-8 周期性边界条件

十分简便，只需在原粒子坐标的基础上加上或者减去盒子边长的整数倍即可。在模拟进程中，一旦有粒子离开了当前所在的盒子，那么立刻会有从对面进入的镜像粒子来取而代之，这一过程在图中清晰可见。如此一来，中心盒子内部的粒子数量始终维持恒定，确保了模拟体系在粒子数量这一关键要素上的稳定性，极大提升了模拟结果的可靠性与准确性。

原则上，在分子动力学模拟中，只要借助中心盒子在三个维度上进行平移操作，就能够实现对整个空间的无缝填充，那么任何晶胞形状均具备应用的可能性。经研究发现，共有五种形状能够满足这一条件，分别为：立方体（以及与之结构相近的平行六面体）、六棱柱、截角八面体、菱形十二面体（图 2-9），还有“拉长”的十二面体。在实际操作过程中，选择一个能够反映系统潜在几何形状的周期性晶胞通常十分重要。例如，若要模拟近似球形分子，矩形晶胞就不合适，因为这种晶胞的形状特性与近似球形分子的几何特征存在较大差异，无法精准反映分子在空间中的分布与运动规律，可能会对模拟结果的准确性造成不利影响。

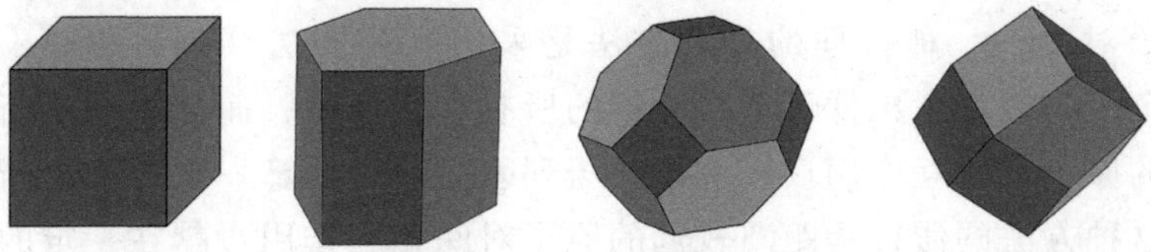

图 2-9 不同晶胞形状

2.7 长程力的计算

在分子动力学模拟甚至能量最小化过程中，计算非键合能和非键相互作用力往往是最为耗时的环节。在力场模型里，诸如键伸缩、角弯曲和扭转等项的数量与原子数量呈正比关系；然而，非键合项的数量（以成对模型来看）会随着原子数量的平方而增长，这使得其计算复杂度显著高于前者。从理论上来说，非键合相互作用需要针对系统中的每一对原子进行计算，但对于众多相互作用模型，比如 Lennard-Jones 势，这种计算方式并不合理。因为 Lennard-Jones 势会随着距离迅速衰减，举例来讲，在距离为 2.5σ 处，其势能值仅仅是在距离为 σ 处的 1%。

在处理非键合作用时，最常用的方法是采用非键合截断，并结合最小镜像约定。在最小镜像约定的规则下，每个原子在系统中最多只会“感知”到其他原子的一个镜像（这些镜像是通过周期性边界条件的无限重复而产生的）。能量和/或力的计算则依据最近的原子或其镜像来进行。当运用截断方法时，所有间距大于截断值的原子对之间的相互作用将被设为零，此时仅考虑最近的镜像原子对相互作用的影响。

在运用周期性边界条件的情况下，截断值的选取需遵循特定规则。对于立方晶胞而言，截断值不能超过晶胞边长的一半；若为矩形晶胞，截断值不能超过最短边长的一半；而在分子模拟中，截断值可能会受到分子尺寸大小的制约。对于仅包含 Lennard-Jones 势的模拟体系，2.5σ 的截断值通常引入的误差相对较小。不过，一旦体系中存在长程静电相互作用，就需要更大的截断值，并且有研究表明，任何截断值的选取都会不可避免地引入一定误差。一般建议截断值至少设定为 10 Å，但即便如此，在某些情况下可能仍然无法满足精度要求。

2.7.1 截断方法

静电相互作用和范德瓦耳斯相互作用的计算需要使用不同的截断值，因为静电相互作用的作用范围更长。然而，对静电作用使用更长的截断值会显著增加需计算的粒子对数。一种合理的处理方法是采用双范围法（twin-range method），即设定两个截断值：考虑低于低截断值的所有相互作用；而处于低截断值与高截断值之间的原子对相互作用仅在更新邻居列表时进行计算，在两次更新间隔内保持不变。这种方法的假设是距离较远的原子对间相互作用贡献在一定的时间间隔内不会发生显著变化，因此无需在每一步计算中重复处理，从而在保证计算精度的同时有效降低计算成本。

在许多情况下，使用截断值是完全合理的。然而，使用截断值总是会导致忽略一部分势能。假设径向分布函数 $g(r)$ 在距离大于截断值时取值为 1，那么在模拟结束时可以计算出丢失部分的能量。这种计算类似于从径向分布函数确定总能量的计算，但积分范围是从截断距离 r_c 到无穷大，且在此范围内 $g(r)$ 取值为 1。对于 N 个粒子，校正项为：

$$E_{\text{correction}}=2\pi\rho N\int_{r_c}^{\infty}r^2v(r)\,\mathrm{d}r \tag{2-28}$$

式中，ρ 为电荷密度。另一种消除能量和力方程中不连续性的方法是使用 switch 函数。switch 函数是势函数所乘距离的多项式函数。因此，切换后的势能 $v'(r)$ 与真实势能 $v(r)$ 的关系为 $v'(r)=v(r)\widetilde{S}(r)$，$\widetilde{S}(r)$ 为定义的 switch 函数。一些切换函数应用于直至截断点的整个势能范围，一种可能的 switch 函数形式如下：

$$v'(r)=v(r)\left[1-2\left(\frac{r}{r_c}\right)^2+\left(\frac{r}{r_c}\right)^4\right] \tag{2-29}$$

该切换函数在 $r=0$ 时取值为 1，在 $r=r_c$（截断距离）时取值为 0。在这两个值之间，它的变化如图 2-10 所示。

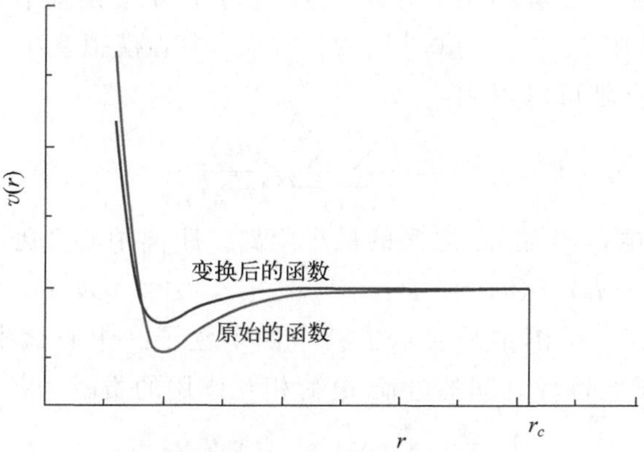

图 2-10 截断半径和切换函数

2.7.2 Ewald 求和

在分子动力学模拟中，那些衰减比 r^{-n}（其中 n 是系统的维度）慢的相互作用会极大地影响计算效率，比如静电相互作用。正确地模拟这些长程力非常重要，尽管增大模拟晶胞尺寸可部分缓解长程力截断误差，但会极大地增加计算成本。目前，研究者已开发出多种解决方案，包括应用最广泛的 Ewald 求和方法。

在 Ewald 求和方法中，一个粒子与模拟盒中的其他粒子以及它们在无限周期阵列中的镜像相互作用，如图 2-11 所示。

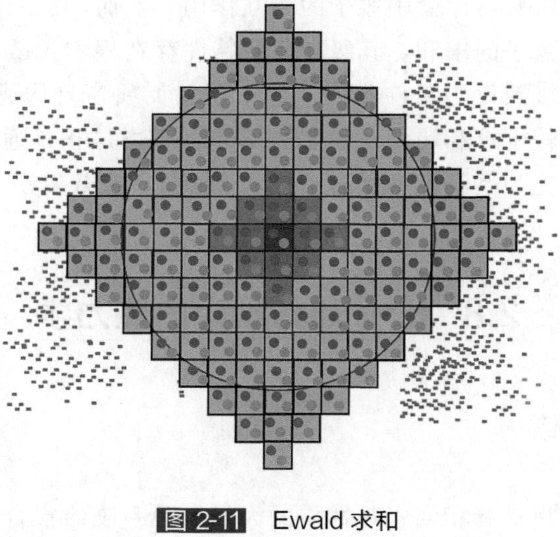

图 2-11 Ewald 求和

每个镜像盒的位置（假设是一个边长为 L、包含 N 个电荷的立方体）可以通过指定一个矢量与中心盒相关联，该矢量的每个分量是盒长的整数倍（$\pm iL$，$\pm jL$，$\pm kL$），其中 i、j、k=0、1、2、3 等。中心模拟盒中所有电荷对之间的电荷-电荷对势能贡献可以写成：

$$\psi=\frac{1}{2}\sum_{i=1}^{N}\sum_{j=1}^{N}\frac{q_iq_j}{4\pi\varepsilon_0 r_{ij}} \tag{2-30}$$

式中，r_{ij} 是电荷 q_i 和 q_j 之间的最小距离。距离中心盒处有六个盒子，其坐标分别为（0，0，$-L$）、（0，0，L）、（0，$-L$，0）、（0，L，0）、（$-L$，0，0）和（L，0，0）。在二维图中只显示了其中四个盒子。中心盒中的电荷与这六个周围盒中所有粒子的镜像之间的电荷-电荷相互作用的贡献为：

$$\psi=\frac{1}{2}\sum_{n_{\text{box}}=1}^{6}\sum_{i=1}^{N}\sum_{j=1}^{N}\frac{q_iq_j}{4\pi\varepsilon_0\left|\boldsymbol{r}_{ij}+\boldsymbol{r}_{n_{\text{box}}}\right|} \tag{2-31}$$

一般来说，对于位于立方晶格点 n [$=(n_xL, n_yL, n_zL)$]（其中 n_x，n_y，n_z 为整数）的盒子：

$$\psi=\frac{1}{2}\sum_{n}\sum_{i=1}^{N}\sum_{j=1}^{N}\frac{q_iq_j}{4\pi\varepsilon_0\left|\boldsymbol{r}_{ij}+n\right|} \tag{2-32}$$

n 的值为 1、$\sqrt{2}$ 等。这个表达式通常写成如下形式，以包含中心盒中电荷对之间的相互作用：

$$\psi=\frac{1}{2}\sum_{|n|=0}{}'\sum_{i=1}^{N}\sum_{j=1}^{N}\frac{q_iq_j}{4\pi\varepsilon_0\left|\boldsymbol{r}_{ij}+n\right|} \tag{2-33}$$

第一个求和符号上的“′”表示该级数不包括 $i=j$ 且 $n=0$ 的相互作用。

在周期性边界条件下，体系总相互作用能的计算需考虑中心盒内原子间的相互作用、中心盒与所有镜像盒中原子的相互作用。然而，这一能量表达式本质上是对无限多个镜像盒子的求和，其级数收敛特性存在根本挑战——库仑相互作用的长程特性导致该级数仅为条件收敛，即正项和负项各自构成的子级数均发散，且级数的和严格依赖于求和顺序。而 Ewald 求和等方法正是通过数学变换（如将实空间长程求和转化为倒易空间快速收敛的级数），有效解决了条件收敛带来的计算难题。

2.8 分子动力学中的热力学

2.8.1 热力学系综

热力学系综是指具有相同宏观性质的大量微观系统的集合，不同的热力学系综对应着不同的宏观约束条件。以下将详细介绍分子动力学模拟中的几种常见热力学系综。

（1）微正则系综（NVE 系综）

微正则系综即具有确定的粒子数（N）、体积（V）和能量（E）的系统集合。在微正则系综的分子动力学模拟中，系统与外界没有能量和物质的交换，总能量保持恒定。微正则系综常用于研究孤立系统的性质，例如在研究一些特定的化学反应过程中，当可以将系统近似为孤立系统时，可采用微正则系综进行模拟。例如，在一些分子内部的反应研究中，若不考虑与外界的能量交换，就可以使用微正则系综来模拟系统的演化。在模拟过程中，通过求解牛顿运动方程来确定粒子的位置和速度随时间的变化，同时保持系统的总能量不变。通常采用数值积分方法，如 Verlet 算法等，来求解牛顿运动方程。

（2）正则系综（NVT 系综）

正则系综是具有确定的粒子数（N）、体积（V）和温度（T）的系统集合。在该系综下，系统与一个热浴相接触，能够与热浴进行能量交换，从而使系统的温度保持恒定。正则系综广泛应用于研究处于热平衡状态下的系统性质，如液体、固体等的热力学性质。例如，在研究材料的热膨胀系数、热容等性质时，常采用正则系综进行模拟。比如，在研究金属材料的热学性质时，正则系综可以很好地模拟材料在一定温度下的行为。为了实现系统温度的恒定，正则系综通常采用热浴方法，如 Nosé-Hoover 热浴、Berendsen 热浴等。这些热浴方法通过调节系统的速度来控制温度，使系统与热浴达到热平衡。

（3）等温等压系综（NPT 系综）

等温等压系综是具有确定的粒子数（N）、压力（P）和温度（T）的系统集合。在该系综下，系统可以与外界进行能量和体积的交换，从而使系统的压力和温度保持恒定。等温等压系综适用于研究在恒定压力和温度条件下的系统性质，如材料的压缩性、相变等。例如，在研究气体的压缩性、液体的蒸发和冷凝等过程中，等温等压系综是非常有用的。比如，在研究超临界态二氧化碳流体的热力学特性时，就采用了恒温恒压（NPT）系综分子动力学模拟方法，模拟预测了超临界态区间内 CO_2 流体的热力学特性（密度和比定压热容）。

（4）巨正则系综（μVT 系综）

巨正则系综是具有确定的化学势（μ）、体积（V）和温度（T）的系统集合。在该系综下，系统可以与外界进行能量和物质的交换，从而使系统的化学势、体积和温度保持恒定。巨正则系综常用于研究开放系统的性质，如吸附、溶解等过程。例如，在研究气体在固体表面的吸附过程中，巨正则系综可以很好地模拟系统的吸附行为。比如，在研究气体在纳米材料表面的吸附时，巨正则系综可以提供有关吸附量、吸附热等信息。

2.8.2 热力学采样

能量最小化的目标是生成系统的单一最低能量构象。在某些情形下，能量最小化提供的信息足以准确预测系统性质——若能确定能量表面的所有极小值（包括全局最小值和局部极小值），即可通过统计力学方法推导配分函数，进而计算热力学性质。然而，这一策略仅适用于气相中的相对小分子或简单分子聚集体。

对于生物体系等复杂大系统，实验测量通常针对包含海量原子的宏观样品，其能量表面存在海量局部极小值，对所有极小值进行完整表征既不现实也无必要。计算机模拟技术的核心价值在于：通过构建原子数可控的小规模模型体系（如周期性晶胞或显式溶剂化单元），以合理计算成本获取结构与热力学性质的准确统计结果。具体而言，模拟通过生成代表性构象（而非穷举所有可能构象），结合统计抽样方法（如分子动力学模拟或蒙特卡罗模拟），在相空间中高效探索能量表面。此外，模拟技术能够动态追踪原子和分子随时间变化的行为，揭示体系在不同构象之间转变的微观路径，这是能量最小化方法无法实现的关键优势。

2.8.3 各态历经假设

假设我们想要通过实验确定一个系统的某一性质的值，例如压力或热容。一般来说，这类性质将取决于 N 个粒子的位置和动量构成的瞬时微观状态。该属性 A 的瞬时值可以写成 $A(\boldsymbol{r}^N, \boldsymbol{p}^N)$，其中 $\boldsymbol{r}^N=(x^1, y^1, z^1, \cdots, x^N, y^N, z^N)$ 为粒子位置坐标，$\boldsymbol{p}^N=(px^1, py^1, pz^1, \cdots, px^N, py^N, pz^N)$ 为动量分量。由于粒子间相互作用，A 的瞬时值随时间动态变化，实验测量的本质是其时间平均值：

$$A_{\text{ave}}=\lim_{\tau\to\infty}\frac{1}{\tau}\int_{t=0}^{\tau}A[\boldsymbol{p}^N(t),\boldsymbol{r}^N(t)]\mathrm{d}t \tag{2-34}$$

随着测量时间 t 延长，该积分逐渐趋近于属性的“真实”时间均值。为了计算系统属性的平均值，必须模拟系统的动态行为，即基于分子内和分子间相互作用来确定 $A[\boldsymbol{p}^N(t), \boldsymbol{r}^N(t)]$的值。从计算角度，求解这一问题需模拟系统动态行为：通过能量函数对位置求导得到粒子间相互作用力，结合牛顿第二定律确定加速度，再对运动方程积分获得轨迹 $[\boldsymbol{r}^N(t), \boldsymbol{p}^N(t)]$，最终通过数值方法计算平均值。问题在于，对于“宏观”数量的原子或分子（即数量级为），无法确定系统的初始状态，对运动方程进行计算也是极大的挑战。

为了解决这个问题，玻尔兹曼（Boltzmann）和吉布斯（Gibbs）发展了统计力学方法，核心思想是用系综平均替代时间平均。系综是大量（理论上无穷多）

相同系统的副本集合，每个副本对应一个可能的微观状态（r^N，p^N）。系综平均定义为：

$$\langle A\rangle = \iint \mathrm{d}\boldsymbol{p}^N \mathrm{d}\boldsymbol{r}^N A(\boldsymbol{p}^N,\boldsymbol{r}^N)\rho(\boldsymbol{r}^N,\boldsymbol{r}^N) \tag{2-35}$$

〈〉表示系综平均，即对生成的所有重复系统中属性平均值的期望。$\rho(\boldsymbol{p}^N, \boldsymbol{r}^N)$ 是系综的概率密度，即给定动量 $\boldsymbol{p}^N$ 和位置 $\boldsymbol{r}^N$ 时找到一个构象的概率。属性 A 的系综平均值则通过对所有可能的系统构象进行积分来确定。根据遍历假说（假设系统在足够长时间内会遍历所有可达微观状态且停留时间与概率密度成正比），系综平均与时间平均在宏观尺度上等价。在粒子数恒定、体积和温度恒定的条件下，概率密度由玻尔兹曼分布给出：

$$\rho(\boldsymbol{p}^N,\boldsymbol{r}^N) = \exp[-E(\boldsymbol{p}^N,\boldsymbol{r}^N)/k_{\mathrm{B}}T]/Q \tag{2-36}$$

式中，$E(\boldsymbol{p}^N, \boldsymbol{r}^N)$ 是能量；Q 是系统配分函数；k_{B} 是玻尔兹曼常数；T 是温度。对于由 N 个相同粒子组成的系统，配分函数如下：

$$Q = \frac{1}{N!}\frac{1}{h^{3N}} \iiint \mathrm{d}\boldsymbol{p}^N \, \mathrm{d}\boldsymbol{r}^N \exp\left[-\frac{H(\boldsymbol{p}^N,\boldsymbol{r}^N)}{k_{\mathrm{B}}T}\right] \tag{2-37}$$

式中，H 为体系的哈密顿量。正则系综通过平衡态下微观状态的概率分布，将宏观性质的计算转化为对相空间的积分，为分子模拟（如分子动力学、蒙特卡罗方法）提供了理论基础——通过采样有限数量的代表性微观状态，即可近似求解系综平均，避免了对真实宏观系统的全局模拟。

2.8.4 体系自由能估计

自由能被认为是热力学中最重要的量，通常表示为亥姆霍兹函数（Helmholtz function）A 或吉布斯函数（Gibbs function）G。亥姆霍兹自由能适用于粒子数、温度和体积恒定的系统（恒定 NVT），而吉布斯自由能适用于粒子数、温度和压力恒定的系统（恒定 NPT）。生物分子模拟大部分是在恒温恒压条件下进行的，因此吉布斯函数更加适用。

对于处在溶剂中的生物分子，通常具有许多由能垒分隔的多种能量状态，自由能是一个难以获得的量。自由能难以通过分子动力学模拟或蒙特卡罗模拟准确计算，因为这类模拟不能完全地从对自由能有重要贡献的相空间区域中采样。

参考文献

[1] 严六明，朱素华．分子动力学——模拟的理论与实践[M]. 北京：科学出版社，2013.

[2] Busturia D C, Ippoliti E, Meloni S, et al. Multiscale biomolecular simulations in the exascale

era[J]. Curr Opin Struct Biol, 2024, 86:102821-102831.

[3] Dror R O, Dirks R M, Grossman J P, et al. Biomolecular simulation: A computational microscope for molecular biology[J]. Annu Rev Biophys, 2012, 41:429-452.

[4] Leach A R. Molecular Modelling: Principles and Applications[J]. Briefings in Bioinformatics, 2001,2(2):199-200.

[5] Netz R R, Eaton W A. Estimating computational limits on theoretical descriptions of biological cells[J]. PNAS, 2021, 118:e2022753118.

第三章
分子模拟常用软件及运行方案

3.1 引言

在生命科学的微观领域中，生物大分子的结构是其功能行使的编码基础。原子排列和大分子折叠，都蕴含着生命过程中最根本的信息。蛋白质作为最重要的生物大分子之一，参与和执行了几乎所有的生命活动和生理功能，包括细胞代谢、信号转导、个体生长发育，以及疾病的发生。然而，长期以来，由于技术能力的限制，深入观测它们的动态结构变化，一直是生命科学领域的一项艰巨挑战。

分子动力学模拟提供了深入探索生物大分子结构的有效途径。其核心原理基于经典力学，将生物大分子系统中的每个原子视为遵循牛顿运动定律的粒子。通过精确设定原子间相互作用的势函数，其中包括范德瓦耳斯力、静电相互作用和共价键力，模拟程序能够细致地追踪给定力场中每个原子随时间的运动轨迹。这种对原子层面相互作用的精确模拟，相当于为微观世界提供了显微镜和摄影机，使人们能够观测和记录生物大分子在动态环境中的结构变化和行为模式。

以蛋白质从线性多肽链转变为具有三维功能结构的折叠过程为例，借助分子动力学模拟，科学家们能够在计算机模拟的虚拟环境中，以飞秒（10^{-15} s）为时间尺度，观察蛋白质如何在热运动和分子内相互作用的驱动下，经历多次构象调整，最终达到能量最低且功能最优的天然折叠状态。这不仅有助于我们理解由蛋白质折叠异常引发的各种疾病，如阿尔茨海默病和囊性纤维化，还为基于蛋白质结构的药物设计提供了关键线索。

从对生命过程的基础认知，到药物研发的前沿探索，再到生物工程的创新实践，分子动力学模拟已成为现代生命科学研究中重要的工具。本章将从实践角度出发，首先介绍分子动力学模拟运行的一般流程；接下来介绍一般的运行方案；最后将介绍常用的分子动力学模拟软件，以及具体运行这些软件的命令和参数文件。

3.2 分子动力学模拟基本流程

分子动力学模拟基本流程如图 3-1 所示。

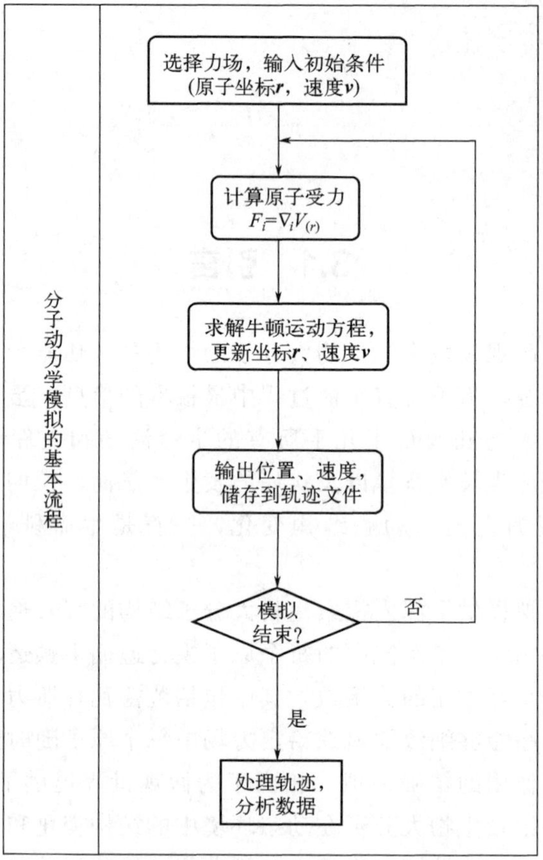

图 3-1 分子动力学模拟流程图

3.2.1 确定研究体系和目标

（1）研究对象的确定

确定要模拟的分子体系是开展分子动力学模拟的首要任务。研究对象涵盖蛋白质、核酸、小分子化合物等。蛋白质作为生命活动的主要执行者，拥有极为复杂的三维结构，从球状蛋白到纤维状蛋白，其结构差异决定了功能的多样性。核酸，像 DNA 和 RNA，承载着遗传信息。DNA 的双螺旋结构由磷酸骨架、碱基对构成，碱基的精确配对规则维系着遗传信息的稳定传递；RNA 在基因表达过程中，从 mRNA 的转录到 tRNA 参与的翻译，不同类型 RNA 的结构特点决定了其在信息传递中的特定角色。小分子化合物在药物研发中举足轻重，如阿司匹林这类非甾体抗炎药，其分子结构与体内炎症相关靶点的契合度，决定了药效的发挥。

为深入模拟，需全面了解体系的化学组成。以蛋白质为例，其由 20 种氨基酸通过肽键连接而成，不同氨基酸的侧链化学性质各异，这影响着蛋白质整体的亲疏水性、电荷分布等。结构特征方面，蛋白质有一级的氨基酸序列、二级的 α-螺旋和 β-折叠等结构单元、三级的整体折叠形态，以及四级的亚基组装方式。生物学功能上，酶蛋白通过活性中心催化化学反应，抗体蛋白识别并结合外来抗原等。对于核酸，化学组成包括磷酸、核糖或脱氧核糖，以及含氮碱基。DNA 的双螺旋大沟、小沟结构为蛋白质识别和结合提供位点，从而调控基因表达；RNA 的单链结构可形成复杂的二级、三级结构，如 tRNA 的三叶草结构对转运氨基酸起关键作用。小分子化合物则依据其官能团种类、空间构象等，与生物大分子特异性结合，发挥调节生理功能的作用。

（2）明确研究问题

确定模拟目的是构建研究框架的核心。基于模拟目的，需提出具体的研究问题和假设。例如研究蛋白质-小分子相互作用时，问题可为“特定小分子如何通过与蛋白质活性位点结合来抑制其功能?”假设可以是“该小分子通过形成氢键和范德瓦耳斯力，稳定蛋白质的非活性构象，从而抑制其功能”。又如研究核酸-药物分子相互作用，问题是“某新型抗癌药物如何与特定 DNA 序列结合并影响基因表达?”假设为“药物分子嵌入 DNA 双螺旋小沟，阻碍转录因子结合，进而抑制相关基因表达”。明确的问题和假设为后续模拟设计及结果分析提供清晰方向。

3.2.2 准备模拟体系

（1）获取初始结构

从实验测定的结构数据库（如 PDB）中获取分子的初始结构是常用手段。PDB 汇集了全球科研人员通过 X 射线晶体学、核磁共振等实验技术解析的大量生物大分子结构。科研人员在数据库中输入目标生物分子名称或 PDB ID，即可下载其三维结构文件，文件包含原子坐标、二级结构等信息，为后续模拟提供可靠起始点。

对于在 PDB 中未收录或者未知实验结构的体系，可以通过结构预测的方法得到其初始结构。早期人们会利用同源建模方法进行结构预测。该方法基于已知结构的同源蛋白，通过序列比对，将目标蛋白序列与模板蛋白序列进行匹配，根据模板蛋白结构构建目标蛋白的主链，再通过能量优化等手段构建侧链，从而获得初始结构。近些年来，伴随 AlphaFold 等基于机器学习的蛋白质结构预测工具飞速发展，这些方法可以提供非常可靠和高精度的初始结构。

（2）构建模拟体系

在分子动力学模拟体系构建中，若模拟无限大溶液环境中的分子行为，常采用周期性边界条件，即一个分子从模拟盒子一侧移出时，会从相对的另一侧移入，这样可避免因边界效应导致的分子行为异常。若研究孤立分子在真空中的性质，则可采用非周期性边界条件。此外，确定体系的溶剂环境也十分关键，水是生物体内最常见的溶剂，模拟生理环境下的分子行为常选择水作为溶剂。对于一些涉及有机溶剂的反应体系，如某些药物在脂质体中的包封及释放过程，可选择有机溶剂模拟体系。为维持体系的电中性，需添加离子，如在模拟细胞内环境时，常添加钠离子、钾离子、氯离子等，添加离子的种类和浓度需根据实际生理环境或研究需求设定。

（3）优化初始结构

使用能量最小化方法对初始结构进行优化是必不可少的步骤。初始结构可能存在不合理的原子间接触，如原子间距过近导致的空间位阻，或存在高能量构象，这会影响模拟的准确性和稳定性。最陡下降法通过沿着能量梯度最陡的方向逐步调整原子坐标，快速降低体系能量，但其收敛速度在接近能量最小值时会变慢。共轭梯度法克服了这一缺点，它在搜索过程中考虑了之前搜索方向的共轭性，提高了收敛效率，能更精准地找到能量较低的构象。牛顿-拉夫森法基于体系能量的二阶导数信息，计算力和海森矩阵，能快速收敛到能量最小值点，但计算海森矩阵的计算量较大。通过这些优化算法，对初始结构进行迭代优化，消除原子间不合理的重叠和过高的能量，使体系达到更稳定的状态。

3.2.3 选择力场

力场是描述分子间相互作用的核心数学模型。在分子动力学模拟中，它处于核心地位。根据研究体系的化学性质和模拟目的选择合适的力场是关键。对于蛋白质体系，AMBER 力场在模拟蛋白质结构和动力学方面应用广泛，它对蛋白质的参数化较为细致，能准确描述蛋白质分子内和分子间的相互作用，在研究蛋白质折叠、蛋白质-蛋白质相互作用等方面表现出色。CHARMM 力场则在生物膜体系模拟中有独特优势，它对脂质分子的参数化精度高，能很好地模拟生物膜的结构和动态性质，如膜蛋白在膜环境中的行为。GROMOS 力场在模拟小分子和生物大分子体系时，具有计算效率高的特点，适合大规模体系的长时间模拟，如在研究药物分子在复杂溶液环境中的扩散行为时较为常用。不同力场在参数化方法上存在差异，如对同一类化学键，不同力场的键长、键角等参数的取值可能不同，这是由于力场开发过程中基于的实验数据和拟合方法不同。适用范围上，有的力场更适合模拟水溶液环境中的生物分子，有的则在模拟非水溶剂体系或气相分子时表现更佳，因此需根据具体研究需求谨慎地选择力场。

3.2.4 设置模拟参数

（1）确定模拟时间和时间步长

根据研究问题的时间尺度确定模拟的总时间。若研究蛋白质的快速构象变化，如某些蛋白质在与配体结合瞬间的结构调整，可能只需模拟数纳秒（$1\ \mathrm{ns}=10^{-9}\ \mathrm{s}$）的时间，因为这些快速过程往往在短时间内完成。而研究蛋白质的折叠过程，由于折叠是一个相对缓慢的过程，可能需要模拟数百纳秒甚至数微秒，才能捕捉到从线性多肽链到天然折叠态的完整转变。时间步长通常在 1～2 fs（$1\ \mathrm{fs}=10^{-15}\ \mathrm{s}$）之间，这是因为分子动力学模拟基于牛顿运动定律，通过数值积分求解原子运动方程，时间步长过大可能导致积分过程不稳定，使模拟结果不准确；时间步长过小则会极大增加计算量，延长模拟时间。选择时需根据力场和体系的特性进行权衡，例如对于包含较多轻原子（如氢原子）的体系，由于轻原子运动速度快，需要较小的时间步长以准确追踪其运动轨迹；而对于力场中相互作用相对较弱、原子运动相对缓慢的体系，可适当选择较大的时间步长。

（2）设置温度和压力控制方法

选择合适的温度和压力控制方法对维持体系稳定非常重要。朗之万热浴通过引入随机力和摩擦力，使体系与虚拟热浴达到热平衡，从而维持设定温度，其计算相对简单，在许多模拟中广泛应用。Nosé-Hoover 热浴则基于更严格的统计力学原理，通过引入额外的自由度来调节体系温度，能更精确地控制温度波动，在对温度精度要求较高的模拟中较为适用。如果需要模拟恒压条件，Berendsen 压浴通过对体系施加一个与压力偏差成正比的压力调节项，能快速调整体系体积以维持设定压力，但其压力控制相对较“软”，可能存在一定压力波动。Parrinello-Rahman 压浴则从更微观的层面，通过对体系的应力张量进行控制，实现更精确的恒压模拟，在研究材料的高压相变等对压力精度要求高的场景中应用较多。合适的温度和压力控制方法的选择，能确保模拟体系尽可能接近实际实验条件，提高模拟结果的可靠性。

（3）定义边界条件

常见的边界条件有周期性边界条件、非周期性边界条件和反射边界条件等。周期性边界条件适用于模拟无限大的体系，如在模拟水溶液中大量离子的扩散行为时，采用周期性边界条件可避免边界效应干扰，使模拟结果更能反映真实溶液中离子的无限扩散情况。在这种条件下，当一个离子从模拟盒子一侧离开时，会从相对的另一侧重新进入模拟体系，保证体系粒子数守恒。非周期性边界条件适用于模拟孤立的分子体系，例如研究单个气相中的小分子的振动、转动等性质时，非周期性边界条件可避免不必要的边界相互作用，使模拟聚焦于孤立分子本身的特性。反射边界条件则常用于模拟受限空间内分子的行为，如在模拟纳米通道内流体分子的流动时，分子碰到通道壁会按照反射定律反弹，通过设置反射边界条件可准确模拟这种受限流动现象。在生物分子的计算模拟中常常选用周期性边界条件。

3.2.5 分子动力学模拟的实施

（1）初始化模拟

根据设置的参数，对模拟体系进行初始化。首先要确定原子的初始位置，对于从 PDB 等数据库获取初始结构的体系，原子坐标已由实验测定提供；对于通过建模获得的结构，原子坐标根据建模算法生成。初始速度的确定方式多样，可从随机分布中获取，根据麦克斯韦-玻尔兹曼分布，在给定温度下生成符合统计规律的随机速度，使体系在模拟开始时具有相应的热运动能量。也可参考实验数据，如某些分子在特定环境下的初始速度信息，将其作为模拟的初始条件输入。初始化过程确保模拟体系从一个合理的状态开始运行。

（2）运行模拟

使用分子动力学模拟软件（如 GROMACS、AMBER、NAMD 等）进行模拟。以 GROMACS 为例，用户首先需准备好包含体系拓扑结构（描述原子连接关系、化学键类型等）、初始坐标和模拟参数等信息的输入文件。在模拟过程中，软件依据选定的力场，计算原子间的相互作用力，根据牛顿第二定律确定原子的加速度。然后通过数值积分方法，如 Verlet 算法，基于原子的加速度、速度和位置信息，逐步更新原子在每个时间步的位置和速度。在每一个时间步，软件不断重复这一过程，随着时间推进，模拟体系中的原子按照物理规律在空间中运动，从而模拟出分子体系的动态行为。

（3）模拟过程的监测

在模拟过程中，需要实时监测能量、温度、压力、构象变化等参数。能量监测可确保体系能量守恒，若能量出现异常波动，可能表明模拟过程存在错误，如力场参数设置不合理或数值积分过程不稳定。温度监测能验证温度控制方法是否有效，若温度偏离设定值过大，需检查热浴参数设置。压力监测对于模拟恒压体系不可或缺，压力的稳定与否反映了压力控制方法的准确性。构象变化监测可直观观察分子结构的动态演变，如通过可视化软件，能实时看到蛋白质是否发生折叠、解折叠，分子间相互作用界面是否改变等。通过对这些参数的持续监测，及时发现模拟过程中的问题，确保模拟过程的稳定性和合理性，为获得可靠的模拟结果提供保证。

3.2.6 模拟结果的分析

（1）结构分析

分析模拟得到的分子结构可深入了解分子的特征。计算键长、键角、二面角等参数的分布能揭示分子结构的稳定性和灵活性。以蛋白质为例，通过计算肽键的键长分布，可判断模拟过程中肽键是否保持稳定，若键长波动过大，可能暗示力场对肽键描述不准确或模拟存在误差。键角分布分析可了解蛋白质二级结构单元（如α-螺旋、β-折叠）的稳定性。正常情况下，α-螺旋的键角具有特定取值范围，偏离该范围可能意味着结构发生改变。二面角分布能反映蛋白质主链和侧链的构象变化，对研究蛋白质折叠路径具有重要意义。使用可视化软件（如 VMD、PyMOL 等）观察分子的构象变化，可直观呈现蛋白质从初始状态到模拟结束时的结构转变过程，如蛋白质与配体结合后，活性位点附近氨基酸残基的构象如何调整以适应配体，为理解分子功能机制提供直观依据。

（2）动力学分析

计算分子的均方根偏差（RMSD）、均方根波动（RMSF）、回旋半径等参数，可评估分子的结构稳定性和柔性。RMSD 用于衡量模拟过程中分子结构相对于初始结构或参考结构的偏差程度，若 RMSD 值在模拟后期趋于平稳，表明分子达到了稳定构象；RMSD 值持续上升则可能表示分子发生了解折叠或结构重排。RMSF 反映了分子中每个原子在模拟过程中的波动情况，RMSF 值高的区域通常是蛋白质结构中柔性较大的部分，如蛋白质的 Loop 区，这些区域往往在分子功能执行中发挥重要作用，如参与分子识别和结合过程。回旋半径描述了分子在空间中的紧凑程度，通过分析回旋半径随时间的变化，可了解分子在不同状态下的构象紧凑度，如蛋白质折叠过程中，回旋半径逐渐减小，反映分子从松散的线性结构向紧密折叠结构的转变。此外，分析分子的扩散系数、黏度等动力学性质，对于理解分子在溶液中的传输行为、反应速率等具有重要意义。

（3）相互作用分析

研究分子间的相互作用，如氢键、范德瓦耳斯力、静电相互作用等，是理解分子功能和分子体系行为的关键。氢键在生物大分子中广泛存在，对维持蛋白质的二级、三级结构以及核酸的双螺旋结构稳定性至关重要。通过分析氢键，可确定其形成与断裂的动态过程。计算氢键的键长、键角以及氢键寿命等参数，能定量评估氢键的强度和稳定性。范德瓦耳斯力虽相对较弱，但在分子聚集、蛋白质折叠以及分子识别等过程中不可或缺。

（4）统计分析

对模拟结果进行统计分析能挖掘数据背后的规律和趋势。计算平均值、标准差、相关性等统计量可对模拟数据进行定量描述。以分子的 RMSD 值为例，计算多个模拟轨迹或长时间模拟过程中的 RMSD 平均值，可得到分子结构相对于参考结构的平均偏差程度，从而反映分子整体的结构稳定性。标准差则衡量 RMSD 值围绕平均值的离散程度，标准差小表明模拟结果相对稳定，重复性好；标准差大则说明分子结构存在较大的波动或模拟过程存在一定的不确定性。

3.2.7 结果验证和解释

（1）模拟结果与实验结果的对比和验证

将模拟结果与实验测定的结构、动力学性质等进行对比，是验证模拟方法可靠性的重要手段。在结构对比方面，若模拟蛋白质的三维结构，可将模拟得到的蛋白质主链和侧链原子坐标与 X 射线晶体学或核磁共振实验测定的结构进行叠合，计算两者之间的 RMSD 值。若 RMSD 值在合理范围内（通常根据不同蛋白质和实验精度要求有所差异，一般认为在 1～3 Å 之间模拟结构与实验结构具有较好的一致性），则表明模拟结构与实验结构相符，验证了模拟方法在预测蛋白质结构方面的有效性。对于动力学性质，如蛋白质的折叠速率，实验中可通过时间分辨荧光光谱等技术测量，将模拟得到的折叠时间与实验值对比，若两者相近，说明模拟能够准确反映蛋白质折叠的动力学过程。如果模拟结果与实验结果不符，需要深入分析原因：可能是力场参数设置不合理，对分子间相互作用的描述不准确；也可能是模拟时间不够长，未能捕捉到完整的分子动力学过程；或者初始结构存在偏差，影响了后续模拟结果。针对这些问题，需对模拟方法进行改进，如重新优化力场参数、延长模拟时间或修正初始结构等。

（2）对模拟结果的解释

根据模拟结果解释分子的结构和动力学行为，回答研究问题是整个模拟工作的核心目标。例如，若研究问题是“某小分子药物如何抑制特定酶的活性”，通过模拟发现小分子与酶活性中心的关键氨基酸残基形成了多个氢键和较强的范德瓦耳斯相互作用，导致酶活性中心的构象发生改变，底物无法正常结合，从而解释了小分子药物的抑制机制。在解释过程中，要结合理论知识，如酶催化的化学反应机制、分子间相互作用的原理等，以及实验数据进行综合分析和讨论。如果有实验数据表明该酶在与小分子结合后，其催化活性显著降低，而模拟结果又揭示了具体的结合模式和构象变化，两者相互印证，能更有力地支持对分子行为的解释。同时，对于模拟结果中出现的一些异常现象或与预期不符的情况，要从分子层面进行深入探讨，提出合理的假设和解释，为进一步的研究提供方向。

3.2.8 优化和重复模拟

（1）根据分析结果进行优化

如果模拟结果不理想，可从多个方面进行调整。若发现模拟过程中分子结构出现不合理的变形或能量异常升高，可能是初始结构存在问题，此时可重新审视初始结构的获取或建模过程，如在同源建模中，检查模板选择是否合适、序列比对是否准确，必要时更换模板或优化比对参数，重新构建初始结构。若模拟结果显示分子动力学行为与预期相差较大，如扩散系数与理论值偏差明显，可能是模拟参数设置不当，此时可调整模拟时间步长、温度和压力控制参数等。例如，适当减小时间步长，提高数值积分的精度，以更准确地追踪分子运动轨迹；调整热浴和压浴参数，优化温度和压力控制效果。此外，力场的选择也至关重要，若当前力场对研究体系的描述不够准确，可尝试更换其他力场。在调整过程中，可以进行参数敏感性分析，即系统地改变某个参数的值，观察模拟结果的变化情况，从而确定影响模拟结果的关键参数。例如，在研究蛋白质-配体相互作用时，通过改变配体与蛋白质之间的范德瓦耳斯力参数，观察结合能和结合构象的变化，确定范德瓦耳斯力参数对模拟结果的影响程度，为优化力场参数提供依据。

（2）进行多次模拟

为了提高模拟结果的可靠性，可以进行多次独立的模拟，并对结果进行统计分析。由于分子动力学模拟存在一定的随机性（如初始速度的随机设定等因素），单次模拟结果可能存在偏差。通过多次模拟，可获得多个独立的模拟轨迹，对这些轨迹进行统计分析，能减少随机因素的影响，得到更具代表性的结果。例如，在计算分子的 RMSD 值时，多次模拟得到的 RMSD 值可用于计算平均值和标准差，平均值能更准确地反映分子结构的平均稳定性，标准差则可评估模拟结果的可靠性。多次模拟还可以帮助发现模拟过程中的系统性误差，若多次模拟结果都出现类似的异常情况，可能提示模拟方法或参数设置存在问题，需要进一步排查和修正。此外，在研究复杂体系或探索新的研究问题时，多次模拟能更全面地覆盖分子体系可能的动力学行为，为深入理解分子机制提供更丰富的数据支持。

3.3 生物体系中分子模拟运行方案

3.3.1 能量最小化

在分子动力学模拟中，能量最小化过程是非常重要的一步。在构建分子体系的初始结构时，可能存在原子间的不合理接触、扭曲的键角和二面角等，这会导致体系处于高能量状态。能量最小化的目的就是通过调整原子的位置，使体系的总能量尽可能地降低，从而得到一个相对稳定的结构。这样可以避免在后续的分子动力学模拟中由于初始结构的不稳定性而导致模拟结果不准确或模拟过程不稳定。

(1) 能量最小化的方法

① 最陡下降法（steepest descent method）

最陡下降法是一种基于梯度的优化方法。它沿着能量函数的负梯度方向进行搜索，即朝着能量下降最快的方向调整原子的位置。在每一步迭代中，根据当前位置的能量梯度计算位移量，然后将原子移动到新的位置。重复这个过程，直到能量的变化小于某个设定的阈值或者达到最大迭代次数。

最陡下降法通常在优化的初始阶段收敛速度较快，因为它直接朝着能量下降最快的方向前进。但是，随着接近能量最低状态，梯度会变得越来越小，收敛速度会逐渐减慢。此外，最陡下降法可能会陷入局部极小值，而无法找到全局最小能量状态。

假设一个分子体系的能量函数为 $E(x,y,z)$，其中 (x,y,z) 表示原子的坐标。在某一时刻，体系的能量梯度为 $\nabla E=\left(\frac{\partial E}{\partial x}, \frac{\partial E}{\partial y}, \frac{\partial E}{\partial z}\right)$。如果当前原子的位置为 (x_0, y_0, z_0)，则根据最陡下降法，下一个位置为 $\left(x_0-\alpha \frac{\partial E}{\partial x}, y_0-\alpha \frac{\partial E}{\partial y}, z_0-\alpha \frac{\partial E}{\partial z}\right)$，其中 α 是一个步长参数，需要根据具体情况进行调整。

② 共轭梯度法（conjugate gradient method）

共轭梯度法也是一种基于梯度的优化方法，但与最陡下降法不同的是，它在搜索过程中利用了共轭方向的信息。共轭方向是指在一定条件下，沿着这些方向进行搜索可以在较少的迭代次数内找到二次函数的最小值。对于一般的非二次函数，共轭梯度法通过近似构造共轭方向来加速收敛。在每一步迭代中，根据当前位置的能量梯度和上一步的搜索方向计算新的搜索方向，然后沿着这个方向进行搜索，更新原子的位置。重复这个过程，直到满足收敛条件。

共轭梯度法在优化过程中的收敛速度通常比最陡下降法快，尤其是在接近能量最低状态时。它能够在一定程度上避免陷入局部极小值，并且对于大规模问题的计算效率较高。

假设在分子体系的能量最小化过程中，当前迭代次数为 k，原子的位置为 $\vec{x}_k$，能量梯度为 $\vec{g}_k$，上一步的搜索方向为 $\vec{d}_{k-1}$。首先，计算初始搜索方向 $\vec{d}_0=\vec{g}_0$。对于后续的迭代，搜索方向 $\vec{d}_k=-\vec{g}_k+\beta_k\vec{d}_{k-1}$，其中 β_k 是一个系数，用于确定新的搜索方向与上一步搜索方向的关系。然后，沿着搜索方向进行一维搜索，找到 $\vec{d}_k$ 最佳的步长 α_k，使得能量函数 E（$\vec{x}_k+\alpha_k\vec{d}_k$）最小。最后，更新原子的位置为 $\vec{x}_{k+1}=\vec{x}_k+\alpha_k\vec{d}_k$。

③ 牛顿-拉夫森法（Newton-Raphson method）

牛顿-拉夫森法是一种基于二阶导数的优化方法。它利用能量函数的一阶导数（梯度）和二阶导数（海森矩阵）来确定搜索方向和步长。在每一步迭代中，通过求解牛顿方程 $\vec{H}\vec{x}=-\vec{g}$ 来确定搜索方向，其中 $\vec{H}$ 是能量函数的海森矩阵，$\vec{g}$ 是能量梯度，$\vec{x}$ 是搜索方向。然后，根据搜索方向和步长更新原子的位置。重复这个过程，直到满足收敛条件。

牛顿-拉夫森法在优化过程中的收敛速度非常快，尤其是在接近能量最低状态时。它能够准确地确定搜索方向和步长，从而快速地找到能量最低状态。但是，牛顿-拉夫森法需要计算能量函数的二阶导数，这对于大规模问题的计算成本较高。此外，海森矩阵可能不是正定的，这会导致搜索方向不确定，从而影响收敛性。

（2）能量最小化的收敛标准

在能量最小化过程中，需要设定一个收敛标准来判断何时停止优化。常见的收敛标准有以下几种。

① 能量变化小于某个阈值

当体系的能量变化在连续的若干次迭代中小于一个设定的阈值时，认为能量最小化已经收敛。例如，可以设定能量变化小于 10^{-5} kcal/mol。

② 力的大小小于某个阈值

计算体系中原子所受的力的大小，当力的大小在连续的若干次迭代中小于一个设定的阈值时，认为能量最小化已经收敛。例如，可以设定力的大小小于 10^{-3} kcal/(mol·Å)。

③ 位移量小于某个阈值

计算原子在每次迭代中的位移量，当位移量在连续的若干次迭代中小于一个设定的阈值时，认为能量最小化已经收敛。例如，可以设定位移量小于 10^{-3} Å。

（3）能量最小化的调整和优化

初始结构对能量最小化的结果有很大影响。如果初始结构与能量最低状态相差太远，可能需要较长的时间才能收敛，甚至可能无法收敛。因此，在进行能量最小化之前，应该尽量选择一个合理的初始结构，可以通过实验测定的结构、同源建模或其他方法获得。

不同的能量最小化方法有不同的参数，如步长、最大迭代次数、收敛阈值等。这些参数的选择会影响能量最小化的收敛速度和结果。一般来说，需要根据具体的体系和问题进行调整，通过尝试不同的参数组合，找到最适合的优化参数。

能量最小化过程中可能会陷入局部极小值，从而无法找到全局最小能量状态。为了避免这种情况，可以尝试使用不同的初始结构、不同的优化方法或进行多次能量最小化。此外，一些高级的优化方法，如模拟退火、遗传算法等，也可以用于寻找全局最小能量状态。在能量最小化过程中，应该定期检查收敛性，确保优化过程正常进行。如果发现能量最小化无法收敛或收敛速度过慢，可以尝试调整优化参数、改变优化方法或检查初始结构是否合理。

3.3.2 升温平衡

在进行分子动力学模拟之前，需要对体系进行平衡，使其达到一个稳定的状态。升温平衡（NVT 平衡）的目的是在固定体积的情况下，使体系的温度达到设定值，并保持稳定。NVT 平衡可以消除初始结构中的不合理应力和能量分布，使体系的结构和动力学行为更加符合实际情况。实现 NVT 平衡的方法有以下几种。

（1）热浴法

热浴法通过与一个虚拟的热浴进行能量交换来控制体系的温度。热浴的温度被设定为目标温度，体系中的粒子与热浴之间通过一定的机制进行能量交换，使得体系的温度逐渐趋近于热浴的温度。常见的热浴法有朗之万热浴（Langevin thermostat）和 Nosé-Hoover 热浴（Nosé-Hoover thermostat）等。

① 朗之万热浴

朗之万热浴通过在牛顿运动方程中添加一个随机力和一个阻尼力来实现温度控制。随机力模拟了体系与热浴之间的随机碰撞，阻尼力则用于调节体系的能量耗散，使得体系的温度能够保持在目标温度附近。

② Nosé-Hoover 热浴

Nosé-Hoover 热浴通过引入一个额外的自由度（热浴变量）来实现温度控制。热浴变量与体系的动能相互作用，通过调节热浴变量的运动来控制体系的温度。在 Nosé-Hoover 热浴中，体系的运动方程包括粒子的运动方程和热浴变量的运动方程。粒子的运动方程与传统的牛顿运动方程类似，但加入了与热浴变量相关的力项。

（2）速度标度法

速度标度法（velocity scaling）通过直接调整粒子的速度来控制体系的温度。在每个时间步长中，计算体系的当前温度，如果当前温度高于或低于目标温度，则根据一定的比例因子对粒子的速度进行标度，使得体系的温度逐渐趋近于目标温度。

在 NVT 模拟中，根据研究问题的实际情况设定合适的目标温度。目标温度的选择应该考虑体系的物理性质和模拟的目的。例如，对于生物分子体系，通常选择生理温度（如 310 K）进行模拟。此外，选择合适的时间步长对于 NVT 平衡过程的稳定性和准确性非常重要。时间步长应该足够小，以确保能够准确地求解牛顿运动方程，但又不能太小，以免增加计算时间。一般来说，时间步长在 1～2fs 之间比较合适。确定足够的平衡时间，使得体系能够充分达到平衡状态。平衡时间的长短取决于体系的大小、复杂性和温度控制方法等因素。一般来说，需要几百皮秒（ps）到几纳秒（ns）的平衡时间。

3.3.3 等压平衡

等压平衡（NPT 平衡）的主要目的是在模拟过程中使体系的温度和压力保持在设定的目标值，同时让体系的结构和动力学行为逐渐达到稳定状态。NPT 平衡可以更真实地模拟实际体系在一定温度和压力条件下的行为，例如研究物质的相变、体积变化、压缩性等性质。在 NPT 平衡中，压力控制的方法通常有下列两种。

（1） Berendsen 压浴法

Berendsen 压浴法通过调整体系的体积来控制压力。该方法假设体系的压力与目标压力之间的偏差随时间呈指数衰减，根据这个假设来计算每个时间步长中体系体积的变化量，从而实现压力的控制。

（2） Parrinello-Rahman 方法

Parrinello-Rahman 方法通过引入一个虚拟的压力张量来控制体系的压力。该方法将体系的体积和形状作为动力学变量，通过求解包含压力张量的运动方程来实现压力的控制。这种方法可以处理各向异性的压力情况，适用于模拟晶体等具有特定对称性的体系。

3.3.4 细胞膜体系的模拟

在分子动力学模拟中，细胞膜体系具有一些特殊性，需要进行特殊处理以获得准确和有意义的结果。以下是对细胞膜体系在分子动力学模拟中的特殊处理。

(1) 选择合适的脂质分子

细胞膜主要由脂质分子组成，包括磷脂、胆固醇等。在构建细胞膜模型时，需要选择合适的脂质分子类型，以反映实际细胞膜的组成。不同类型的脂质分子具有不同的物理化学性质，如链长、饱和度、头部基团等，这些性质会影响细胞膜的结构和功能。

常见的磷脂分子有磷脂酰胆碱（PC）、磷脂酰乙醇胺（PE）、磷脂酰丝氨酸（PS）等。胆固醇在细胞膜中也起着重要的作用，它可以调节细胞膜的流动性和稳定性。

(2) 确定细胞膜的组成比例

实际细胞膜中的脂质分子组成比例是复杂多样的，不同类型的细胞和组织具有不同的细胞膜组成。在分子动力学模拟中，需要根据研究目的确定细胞膜的组成比例。例如，如果研究特定类型的细胞膜，可以参考实验测定的该类型细胞膜的脂质组成比例。一般来说，可以通过随机混合不同类型的脂质分子来构建细胞膜模型，或者使用特定的脂质组成比例来模拟特定的细胞膜环境。

(3) 构建双层膜结构

细胞膜是由双层脂质分子组成的，因此在构建细胞膜模型时，需要构建双层膜结构。可以使用专门的膜构建软件，如 VMD（visual molecular dynamics）的 Membrane Builder 插件、CHARMM-GUI 等，来自动生成双层膜结构。在构建双层膜结构时，需要考虑脂质分子的排列方式、膜的厚度、面积等参数。这些参数可以通过实验测定或理论计算来确定，也可以根据经验进行调整。

(4) 选择适用于脂质分子的力场

对于细胞膜体系，需要选择适用于脂质分子的力场。常见的力场有 CHARMM、AMBER、GROMOS 等。这些力场都包含了对脂质分子的参数化，可以较好地描述脂质分子的结构和动力学性质。

不同的力场在参数化方法和适用范围上有所不同，需要根据研究问题的特点选择合适的力场。例如，如果研究细胞膜的生物物理性质，可以选择经过广泛验证的 CHARMM 力场；如果研究细胞膜与蛋白质的相互作用，可以选择与蛋白质力场兼容的 AMBER 力场。

3.3.5 常用的分析方法

在分子动力学模拟中，有许多常用的分析方法可以帮助理解模拟体系的结构、动力学和热力学性质。以下介绍一些常见的分析方法。

(1) 结构分析

① 径向分布函数（radial distribution function，RDF）

描述了体系中粒子在空间中的分布情况。通过计算不同距离处粒子的密度分布，可以得到粒子间的平均距离和相互作用强度。对于液体和固体体系，RDF可以提供关于分子间排列和短程有序性的信息。例如，在液体中，RDF的第一个峰值对应着最邻近分子的平均距离。

② 均方根偏差（root mean square deviation，RMSD）

衡量模拟过程中体系结构相对于参考结构的变化。通常将初始结构作为参考结构，计算每个时间步长体系中原子位置与参考结构中对应原子位置的偏差的均方根值。RMSD可以用于评估蛋白质、核酸等生物大分子的结构稳定性和构象变化。较小的RMSD值表示体系结构与参考结构较为接近，结构相对稳定。

③ 均方根涨落（root mean square fluctuation，RMSF）

计算体系中每个原子在模拟过程中的位置涨落情况。通过计算每个原子相对于其平均位置的均方根偏差，可以得到原子的运动幅度。RMSF可以用于分析生物大分子中不同区域的柔性和运动性。例如，在蛋白质中，RMSF较高的区域通常对应着柔性较大的loop区或末端区域。

④ 氢键分析

检测模拟体系中氢键的形成和断裂情况。可以通过定义氢键的几何标准（如氢原子与受体原子之间的距离和供体-氢-受体之间的角度）来确定氢键的存在。氢键分析可以提供关于分子间相互作用和结构稳定性的信息。例如，在蛋白质中，氢键对于维持二级结构和稳定蛋白质的三维结构起着重要作用。

（2）动力学分析

① 均方位移（mean square displacement，MSD）

描述了体系中粒子在一段时间内的位移情况。通过计算粒子在不同时间间隔内的位移平方的平均值，可以得到粒子的扩散系数和运动模式。MSD可以用于分析液体和气体中的扩散行为，以及生物大分子中的构象变化和运动模式。例如，在液体中，MSD与时间呈线性关系，斜率对应着扩散系数。

② 速度自相关函数（velocity autocorrelation function，VACF）

衡量体系中粒子速度的时间相关性。通过计算粒子在不同时间间隔内的速度乘积的平均值，可以得到粒子速度的自相关函数。VACF可以用于分析粒子的运动模式和动力学性质。例如，在液体中，VACF的衰减速度与液体的黏度有关。

③ 转动相关函数（rotational correlation function，RCF）

描述了体系中分子的转动运动。通过计算分子在不同时间间隔内的转动角度乘积的平均值，可以得到分子的转动相关函数。RCF可以用于分析分子的转动扩散系数和转动动力学性质。例如，在液体中，RCF的衰减速度与分子的转动黏度有关。

（3）热力学分析

① 能量分析

监测模拟过程中体系的总能量、势能和动能的变化，可以计算体系的平均能量、能量波动和能量分布等参数。能量分析可以提供关于体系的稳定性和热力学性质的信息。例如，在模拟过程中，体系的总能量应该保持相对稳定，否则表明模拟可能存在问题。

② 焓和熵的计算

通过统计力学方法计算体系的焓和熵。焓可以通过计算体系的内能和压力-体积乘积得到，熵可以通过计算体系的微观状态数得到。焓和熵的计算可以用于分析体系的热力学稳定性和相变行为。例如，在相变过程中，体系的焓和熵会发生变化，通过计算这些参数可以确定相变的温度和压力条件。

③ 自由能计算

计算体系的自由能是分子动力学模拟中的一个重要问题。常用的自由能计算方法包括热力学积分法、伞形采样法和元动力学等。自由能计算可以用于分析分子间相互作用、化学反应和生物大分子的构象变化等过程。例如，在蛋白质折叠过程中，计算自由能有助于了解折叠途径和能量景观。

（4）相互作用分析

① 非键相互作用分析

计算体系中分子间的非键相互作用，如范德瓦耳斯力和静电相互作用。可以通过计算分子间的距离和电荷分布来确定非键相互作用的强度和性质。非键相互作用分析可以提供关于分子间相互作用和分子组装的信息。例如，在药物设计中，了解药物分子与受体之间的非键相互作用有助于设计更有效的药物。

② 键相互作用分析

分析体系中分子内的键相互作用，如键长、键角和二面角等。可以通过监测这些参数的变化来了解分子的结构变化和动力学性质。键相互作用分析可以用于研究分子的构象变化和化学反应。例如，在蛋白质中，键相互作用的变化可以导致蛋白质的构象变化和功能调节。

3.4 分子动力学模拟软件 GROMACS

利用 GROMACS 进行分子动力学模拟，包含生成力场、填充溶液环境、最小化和平衡，以及最终的模拟采样等。其中各个步骤需要调用的 GROMACS 模块以及所需要的文件如图 3-2 所示。

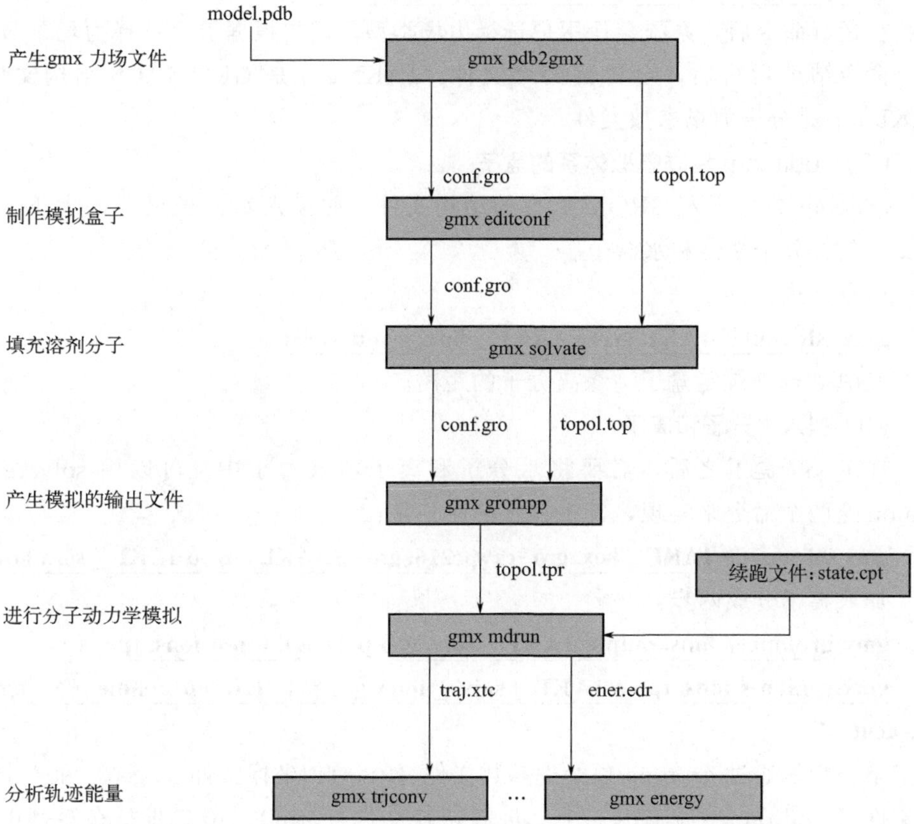

图 3-2 利用 GROMACS 进行分子动力学模拟的基本步骤与流程

3.4.1 GROMACS 蛋白质预处理

首先须将 GROMACS 安装路径的 bin 文件夹加入系统 PATH 变量中，就可以在运行过程中直接调用 gmx 来进行分子动力学模拟。

（1） pdb2gmx 生成力场参数

在进行分子动力学模拟之前，必须建立分子的力场参数文件。GROMACS 的分子力场参数文件是用 pdb2gmx 命令生成，文件后缀名为 . top。pdb2gmx 的输入文件是分子的结构文件，通常为从 PDB 中下载下来的 pdb 文件。

pdb2gmx 将添加所有缺失的氢原子，甚至将不符合命名规则的氢原子进行自动改正。但是重原子的原子名称需要手动修改成力场中的标准命名。在 pdb2gmx 输出的 GROMACS 结构文件中，包含了蛋白质结构的每一个原子。文件后缀名为 . gro，是 GROMACS 特有的分子结构类型。

假设分子 PDB 文件名为 1AKI. pdb，命令运行格式：

gmx pdb2gmx-f 1AKI. pdb-o 1AKI. gro-p 1AKI. top

在运行命令后，系统会让用户选择力场类型，用户根据需要选择力场参数类型。命令结束运行后，会得到两个文件：1AKI. gro 是 GROMACS 结构文件；1AKI. top 是分子力场参数文件。

（2） editconf 建立模拟体系的盒子

editconf 命令读入 GROMACS 的结构文件，并读入水盒子尺寸的大小，输出文件包含分子文件和水盒子。

命令格式：

gmx editconf-f 1AKI. gro-o 1AKI _ box. gro-d 1. 0-c

其中-d 选项规定盒子边缘离分子的距离。

（3）加入水分子和离子

在定义了盒子之后，需要将水分子和离子填入盒子中，可以用 solvate 和 genion 这两个命令来实现，其中加水的命令是：

gmx solvate -cp 1AKI _ box. gro -cs spc216. gro -p 1AKI. top -o 1AKI _ solv. gro

加入离子分成两步：

gmx grompp-f ions. mdp-c 1AKI _ solv. gro-p 1AKI. top-o ions. tpr

gmx genion-s ions. tpr-o 1AKI _ solv _ ions. gro-p 1AKI. top-pname NA-nname CL-neutral

第一步是通过 grompp 预处理参数文件（. top）、坐标文件（. gro）和一个参数文件（. mdp），然后输出一个二进制拓扑文件（. tpr）。第二步是在溶剂中插入离子。其中-pname 和-nname 是插入的阳离子和阴离子的名称，-neutral 是加入的离子数目使得溶液的电荷平衡。

```
##############################
; 离子插入参数文件 ion. mdp
; Parameters describing what to do, when to stop and what to save
integrator =steep ; Algorithm (steep = steepest descent minimization)
emtol = 1000. 0 ; Stop minimization when the maximum force < 1000. 0 kJ/mol/nm
emstep = 0. 01 ; Energy step size
nsteps = 50000 ; Maximum number of (minimization) steps to perform
; Parameters describing how to find the neighbors of each atom and how to calculate the interactions
nstlist = 1 ; Frequency to update the neighbor list and long range forces
cutoff-scheme = Verlet
ns _ type = grid ; Method to determine neighbor list (simple, grid)
```

coulombtype = PME ; Treatment of long range electrostatic interactions
rcoulomb = 1.0 ; Short-range electrostatic cut-off
rvdw = 1.0 ; Short-range Van der Waals cut-off
pbc = xyz ; Periodic Boundary Conditions (yes/no)
################################

3.4.2 能量最小化

在准备分子系统过程中，系统有很多原子距离太近，局部能量太高。直接进行分子动力学模拟可能会导致体系崩溃。去除这些局部高能量的办法是对系统进行能量最小化。能量最小化过程是改变系统中局部高能量的原子位置，以降低这些点的能量。能量最小化也是通过两步完成的，首先用 GROMACS 的预处理程序 grompp 处理所有输入文件，输出一个二进制拓扑文件（.tpr）。这个二进制文件包含所有模拟需要的信息，利用这个文件即可以进行能量最小化和动力学模拟。

gmx grompp-f minim.mdp-c 1AKI _ solv _ ions.gro-p 1AKI.top-o em.tpr
gmx mdrun-v-deffnm em-nb cpu

mdrun 是运行最小化和分子动力学模拟的模块。在没有指定使用核数情况下，gmx 会自动使用所有可用的 CPU 核数，如果需要指定用 n 个 CPU 核，需要在命令中加入-np n。此外，-nb 后面接 cpu 说明是仅利用 CPU 来进行 mdrun 的运算，在最小化步骤推荐只用 CPU 来运算。

################################
; 能量最小化参数文件 minim.mdp
integrator = steep ; Algorithm (steep = steepest descent minimization)
emtol = 1000.0 ; Stop minimization when the maximum force < 1000.0 kJ/mol/nm
emstep = 0.01 ; Energy step size
nsteps = 50000 ; Maximum number of (minimization) steps to perform
; Parameters describing how to find the neighbors of each atom and how to calculate the interactions
nstlist = 1 ; Frequency to update the neighbor list and long range forces
cutoff-scheme = Verlet
ns _ type = grid ; Method to determine neighbor list (simple, grid)
coulombtype = PME ; Treatment of long range electrostatic interactions
rcoulomb = 1.0 ; Short-range electrostatic cut-off

```
rvdw = 1.0 ; Short-range Van der Waals cut-off
pbc = xyz; Periodic Boundary Conditions (yes/no)
################################
```

3.4.3 平衡过程运行流程

(1) NVT 平衡

能量最小化是在温度为 0 K 时完成的，然而对生物系统而言，一般处于室温中。因此分子动力学模拟也需要将系统的温度升至室温。升温的方法一般是在 NVT 系综中缓慢升高完成。其过程也分两步，第一步是利用 grompp 将最小化后的结构、力场参数文件和 NVT 平衡参数文件转换成 tpr 文件，第二步是进行平衡模拟。

gmx grompp-f nvt. mdp-c em. gro-p 1AKI. top-o nvt. tpr

gmx mdrun-deffnm nvt

进行 NVT 平衡模拟的参数文件如下：

```
################################
title = NVT equilibration
define =-DPOSRES ; position restrain the protein
; Run parameters
integrator = md ; leap-frog integrator
nsteps = 50000 ; 2 * 50000 = 100 ps
dt = 0.002 ; 2 fs
; Output control
nstxout = 500 ; save coordinates every 1.0 ps
nstvout = 500 ; save velocities every 1.0 ps
nstenergy = 500 ; save energies every 1.0 ps
nstlog = 500 ; update log file every 1.0 ps
; Bond parameters
continuation = no ; first dynamics run
constraint_algorithm = lincs ; holonomic constraints
constraints = all-bonds ; all bonds (even heavy atom-H bonds) constrained
lincs_iter = 1 ; accuracy of LINCS
lincs_order = 4 ; also related to accuracy
; Neighborsearching
cutoff-scheme = Verlet
```

```
ns _ type = grid ; search neighboring grid cells
nstlist = 10 ; 20 fs, largely irrelevant with Verlet
rcoulomb = 1.0 ; short-range electrostatic cutoff (in nm)
; Electrostatics
coulombtype = PME ; Particle Mesh Ewald for long-range electrostatics
pme _ order = 4 ; cubic interpolation
fourierspacing = 0.16 ; grid spacing for FFT
; Temperature coupling is on
tcoupl = V-rescale ; modified Berendsen thermostat
tc-grps = Protein Non-Protein ; two coupling groups-more accurate
tau _ t = 0.1 0.1 ; time constant, in ps
ref _ t = 300 300 ; reference temperature, one for each group, in K
; Pressure coupling is off
pcoupl = no ; no pressure coupling in NVT
; Periodic boundary conditions
pbc = xyz ; 3-D PBC
; Dispersion correction
DispCorr = EnerPres ; account for cut-off vdW scheme
; Velocity generation
gen _ vel = yes ; assign velocities from Maxwell distribution
gen _ temp = 300 ; temperature for Maxwell distribution
gen _ seed=-1 ; generate a random seed
###################################
```

（2） NPT平衡

在正式进行分子动力学模拟之前，一般还会进行较短时间的 NPT 系综平衡模拟。NPT 平衡模拟同 NVT 平衡模拟类似，也分为两步，grompp 生成 tpr 文件，mdrun 进行模拟。

gmx grompp-f npt. mdp-c nvt. gro-t nvt. cpt-p 1AKI. top-o npt. tpr

gmx mdrun-deffnm npt

用于 NPT 平衡模拟的参数文件如下：

```
###################################
title= NPT equilibration
define=-DPOSRES; position restrain the protein
; Run parameters
integrator= md; leap-frog integrator
```

```
nsteps= 50000; 2 * 50000 = 100 ps
dt      = 0.002; 2 fs
; Output control
nstxout= 500; save coordinates every 1.0 ps
nstvout= 500; save velocities every 1.0 ps
nstenergy= 500; save energies every 1.0 ps
nstlog= 500; update log file every 1.0 ps
; Bond parameters
continuation            = yes; Restarting after NVT
constraint _ algorithm     = lincs      ; holonomic constraints
constraints                  =  all-bonds;  all  bonds  ( even  heavy  atom-H
bonds) constrained
lincs _ iter               = 1       ; accuracy of LINCS
lincs _ order                = 4       ; also related to accuracy
####################################
```

3.4.4 分子动力学模拟及结果分析

体系最终的模拟参数文件与 NPT 类似，但是一般分子动力学模拟会运行较长时间以得到体系结构变化，因此需要将 mdp 文件中的 mdp 设置为所需的模拟步骤。

gmx grompp-f md. mdp-c npt. gro-t npt. cpt-p 1AKI. top-o md _ 1. tpr

gmx mdrun-deffnm md _ 1

用于分子动力学模拟的运行参数文件 mdp 示例如下：

```
####################################
title= MD simulation
; Run parameters
integrator= md; leap-frog integrator
nsteps= 500000; 2 * 500000 = 1000 ps (1 ns)
dt      = 0.002; 2 fs
; Output control
nstxout           = 5000; save coordinates every 10.0 ps
nstvout           = 5000; save velocities every 10.0 ps
nstenergy           = 5000; save energies every 10.0 ps
nstlog           = 5000; update log file every 10.0 ps
```

```
nstxout-compressed   = 5000  ; save compressed coordinates every 10.0 ps
                             ; nstxout-compressed replaces nstxtcout
compressed-x-grps   = System     ; replaces xtc-grps
; Bond parameters
continuation        = yes; Restarting after NPT
constraint _ algorithm     = lincs     ; holonomic constraints
constraints              = all-bonds; all bonds (even heavy atom-H
bonds) constrained
lincs _ iter            = 1      ; accuracy of LINCS
lincs _ order            = 4     ; also related to accuracy
; Neighborsearching
cutoff-scheme    = Verlet
ns _ type      = grid; search neighboring grid cells
nstlist     = 10     ; 20 fs, largely irrelevant with Verlet scheme
rcoulomb     = 1.0; short-range electrostatic cutoff (in nm)
rvdw     = 1.0; short-range van der Waals cutoff (in nm)
; Electrostatics
coulombtype      = PME; Particle Mesh Ewald for long-range electrostatics
pme _ order      = 4     ; cubic interpolation
fourierspacing= 0.16; grid spacing for FFT
; Temperature coupling is on
tcoupl= V-rescale                 ; modified Berendsen thermostat
tc-grps= Protein Non-Protein; two coupling groups-more accurate
tau _ t= 0.1   0.1          ; time constant, in ps
ref _ t= 300    300        ; reference temperature, one for each group, in K
; Pressure coupling is on
pcoupl            = Parrinello-Rahman      ; Pressure coupling on in NPT
pcoupltype           = isotropic                ; uniform scaling of box vectors
tau _ p           = 2.0                ; time constant, in ps
ref _ p           = 1.0               ; reference pressure, in bar
compressibility        = 4.5e-5                    ; isothermal compressibility of
water, bar^-1
; Periodic boundary conditions
pbc= xyz; 3-D PBC
; Dispersion correction
```

DispCorr= EnerPres; account for cut-off vdW scheme
; Velocity generation
gen _ vel= no; Velocity generation is off
＃＃＃＃＃＃＃＃＃＃＃＃＃＃＃＃＃＃＃＃＃＃＃＃＃＃＃＃＃＃＃＃＃＃＃

在运行结束后，可以对模拟轨迹（xtc 或者 trr 文件）进行分析，如去除 PBC condition 和分析 RMSD、旋光性等：

gmx trjconv-s md _ 1. tpr-f md _ 1. xtc-o md _ 1 _ noPBC. xtc-pbc mol-ur compact

gmx rms-s md _ 1. tpr-f md _ 1 _ noPBC. xtc-o rmsd. xvg-tu ns

gmx gyrate-s md _ 1. tpr-f md _ 1 _ noPBC. xtc-o gyrate. xvg

生成的 xvg 文件可以通过数据分析软件或者画图软件进行数据分析和展示。

3.5 分子动力学模拟软件 AMBER

AMBER 的运行流程和步骤（图 3-3）与 GROMACS 类似。本节不再具体介绍每一个步骤的含义和目的，仅仅列出 AMBER 运行的命令和参数文件。

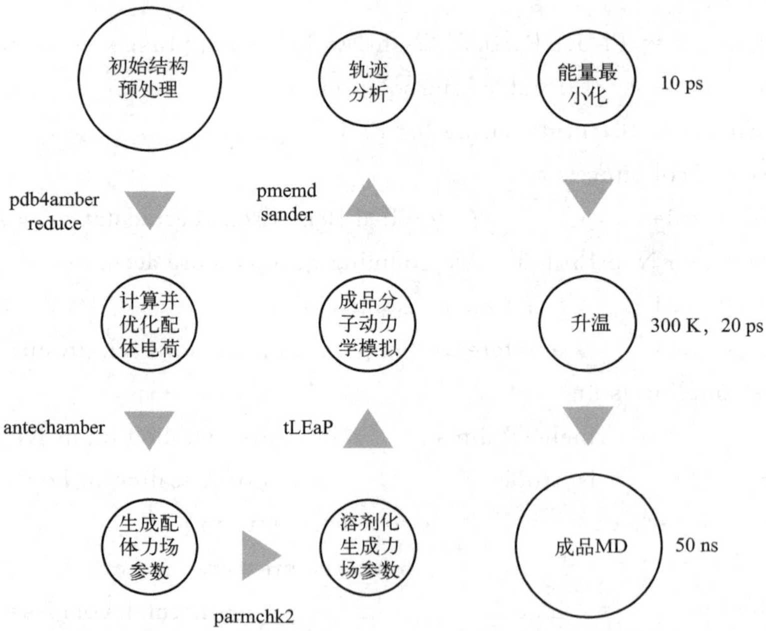

图 3-3 利用 AMBER 软件进行分子动力学模拟的流程

3.5.1 蛋白质结构预处理

（1）从 PDB 中下载初始结构

（2）结构预处理

利用 pdb4amber 预处理结构文件：

pdb4amber-i rec. pdb-o rec. noh. pdb--nohyd--dry

reduce-build-nuclear rec. noh. pdb > rec. cleaned. pdb

reduce -build -nuclear lig. pdb > lig _ h. pdb

（3）应用 antechamber 构建小分子力场

一些情况下，需要自己构建小分子力场：

antechamber-i lig _ h. pdb-fi pdb-o lig. ante. mol2-fo mol2-c bcc

parmchk2-i lig. ante. mol2-f mol2-o lig. frcmod

（4）利用 tLEaP 生成力场参数文件和结构文件

tleap-s-f leap. in

其中，输入参数文件 leap. in 如下：

```
################################
#<tleap. in>
# Load the parameter files for proteins and small organic molecules
source oldff/leaprc. ff99SB
source leaprc. gaff
# Load the ligands，receptors and combine them，
LIG =loadmol2 lig. ante. mol2
REC =loadpdb rec. cleaned. pdb
COM =combine {REC LIG}
# Load the amberparams for the ligand You can obtain these by using parmchk2
loadamberparams lig. frcmod
# Just printing out the total charge to check how to neutralise
charge COM
# Add Na+ so we neautralise the complex
addions2 COM Na+ 0
# Make an cubic box container with a "radius" of 12. 5Å
solvatebox COM TIP3PBOX 12. 5
# Save the parameter files for the solvated complex，and a PDB so we can view it
in visualisation programs
```

```
saveamberparm COM lig. com. solv. prmtop lig. com. solv. inpcrd
savePdb COM lig. com. solv. pdb
# We are finished, so quit LEaP
quit
##################################
```

3.5.2 能量最小化

为了更好地对初始结构进行能量最小化，可以将能量最小化分成两步运行：

mpirun-np 8 pmemd. MPI-O-i min1. in-p lig. com. solv. prmtop-c lig. com. solv. inpcrd-r min1. rst-o min1. out -ref lig. com. solv. inpcrd

mpirun-np 8 pmemd. MPI-O-i min2. in-p system. prmtop-c min1. rst-r min2. rst-o min2. out -ref min1. rst

在 AMBER 运行中，最小化过程优先选择用 CPU 来进行计算。两步中的最小化参数分别为：

```
##################################
    #<min1. in>
Minimization with Cartesian restraints for the solute
&cntrl
imin=1, maxcyc=200, ntpr=5, ntr=1,
&end
Group input for restrained atoms
100. 0
RES 1 155
END
END
##################################

##################################
#<min2. in>
Minimization of the entire molecular system
&cntrl
  imin=1, maxcyc=200,
  ntpr=5,
&end
##################################
```

3.5.3 平衡模拟

AMBER 的平衡也分为 NVT 和 NPT 两步完成：

pmemd. cuda-O-i nvt. in-p system. prmtop-c min2. rst-r nvt. rst -o nvt. out -ref min2. rst

NVT 平衡步骤输入参数如下：

```
##################################
#<nvt.in>
Heating up the system equilibration stage 1
&cntrl
 nstlim=5000, dt=0.002, ntx=1, irest=0, ntpr=500, ntwr=5000, ntwx=5000, tempi =0.0, temp0=300.0, ntt=1, tautp=2.0, ig=209858, ntb=1, ntp=0, ntc=2, ntf=2, nrespa=2,
end
##################################
```

pmemd. cuda-O-i npt. in-p system. prmtop-c nvt. rst-r npt. rst -o nvt. out -ref nvt. rst

NPT 平衡步骤的输入参数如下：

```
##################################
#<npt.in>
Constant pressure constant temperature equilibration stage 2
&cntrl
 nstlim = 5000, dt = 0.002, ntx = 5, irest = 1, ntpr = 500, ntwr = 5000, ntwx=5000,  temp0=300.0, ntt=1, tautp=2.0, ntb=2, ntp=1, ntc=2, ntf=2, nrespa=1,
&end
##################################
```

在 NVT 和 NPT 平衡过程中，由于模拟时间较长，因此使用 GPU 进行运算。但当体系不是十分稳定时，也可以使用 CPU 进行运算。

3.5.4 分子动力学模拟

最后计算模拟命令如下：

pmemd. cuda-O -i npt. in-p system. prmtop-c npt. rst -r mdrun _ 10ns. rst -o mdrun _ 10ns. log -x mdrun _ 10ns. mdcrd

分子动力学模拟运行参数如下：

```
################################
#<prod.in>
Constant pressure constant temperature production run
&cntrl
  nstlim = 50000, dt = 0.002, ntx = 5, irest = 1, ntpr = 500, ntwr = 5000,
ntwx=5000,    temp0=300.0, ntt=1, tautp=2.0, ntb=2, ntp=1, ntc=2,
ntf=2, nrespa=1,
&end
################################
```

AMBER 提供了分析模块 cpptraj，下面给出一个例子用于分析模拟轨迹的 RMSD、RMSF、二级结构和原子间距离等。

cpptraj <ana.in

分析的输入参数文件如下：

```
################################
#<ana.in>
param system.prmtop
trajin mdrun_10ns.crd
center :1-154
image center familiar
strip :WAT
strip :Cl-
rms first out ca_rmsd.dat :3-152@CA
atomicfluct out ca_rmsf.dat @CA byres start 1000
distance end_to_end :350@HC1 :51@HG out oh_h2.list
secstruct :1-154 out ss.gnu.dat sumout ss.sum.dat
################################
```

参考文献

[1] Abraham M J, Murtola T, Schulz R, et al. GROMACS: High performance molecular simulations through multi-level parallelism from laptops to supercomputers[J]. SoftwareX, 2015, 1:19-25.

[2] Case D A, Cheatham T E, Darden H T, et al. The AMBER biomolecular simulation programs[J]. J Computat Chem, 2010, 26(16):1668-1688.

[3] Gunsteren W F, Berendsen H J. Algorithms for macromolecular dynamics and constraint dynamics[J]. Mol Phys, 1997, 34:1311-1327.
[4] Gunsteren W F, Karplus M. Effect of constraints on the dynamics of macromolecules [J]. Macromolecules, 1982, 15:1528-1544.

第四章
自由能模拟

4.1 引言

在分子动力学（MD）模拟的实际应用中，时间尺度限制是一个根本性难题。常规体系（如溶液中的小蛋白质）的模拟时长通常局限在微秒量级（10^{-6}s），而复杂生物大分子体系（如膜蛋白或病毒颗粒）的模拟时间窗口会进一步压缩至纳秒量级（10^{-9}s）。然而，根据统计力学原理，体系热力学性质的计算必须满足遍历性假设——系统需在相空间中充分访问所有与宏观状态相关的微观构象。对于生物分子而言，这一过程往往需要毫秒级（10^{-3}s）甚至更长的模拟时间。

实际分子动力学轨迹常无法覆盖相空间的关键区域，原因在于构象空间被高自由能能垒（$>10k_BT$）分隔为多个亚稳态（图 4-1）。例如，蛋白质折叠过程中需跨越的过渡态能垒通常对应毫秒级跨越时间。某些生物分子的动力学过程，如蛋白质折叠、构象转变等，发生在很长的时间尺度上，常规模拟难以捕捉到这些过程。一些重要的生物学现象，如配体结合、酶催化等，属于罕见事件，在传统模拟中出现的概率很低。未充分探索的构象空间会导致热力学量计算偏差；动力学过程（如构象转变路径）重构失败；自由能面无法收敛。

4.1.1 增强采样方法

如上所述，传统的分子动力学模拟在探索复杂分子体系的构象空间时面临诸多挑战。增强采样方法是一类通过算法设计突破分子动力学模拟时间尺度限制的核心技术。其核心原理是通过对体系势能面或相空间进行智能干预，降低高自由能能垒对构象探索的阻滞效应，从而在有限计算时间内实现亚稳态区域的充分采样。这些方法通过加速稀有事件（如蛋白质折叠中的过渡态穿越）和扩展构象搜索范围（如离子通道的门控运动），显著提升自由能面计算效率与动力学路径重构精度，已成为研究生物分子构效关系不可或缺的计算工具。为突破上述限制，

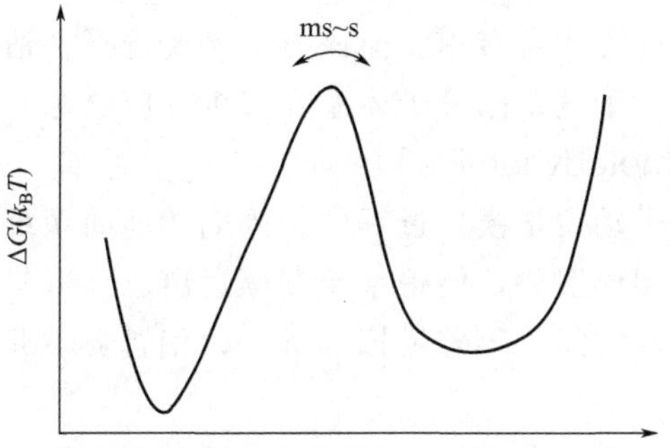

图 4-1 高能垒阻碍了状态之间的转换

增强采样（enhanced sampling）技术通过物理启发的算法改造，实现以下核心目标。

① 加速稀有事件探测：降低高能垒区域的穿越难度（如伞形采样）。

② 扩展构象搜索范围：引导系统访问未被探索的相空间区域（如副本交换MD）。

③ 提升自由能计算效率：通过偏置势构造加速态间跃迁（如元动力学）。

4.1.2 常见的增强采样方法

常见的增强采样方法包括：①全局探索优化，如副本交换分子动力学（REMD）利用多副本并行模拟突破能垒；②基于反应坐标的定向增强，如伞形采样通过偏置势引导体系跨越特定路径；③自主学习式采样，如元动力学通过动态沉积虚势能消除能垒。

（1）副本交换方法（replica exchange method）

该方法也称为平行回火（parallel tempering）。其在不同温度下进行多个副本的分子动力学模拟，然后根据一定的概率交换不同温度副本之间的构象。高温副本可以更容易地跨越能量垒，而低温副本则更接近实际的物理状态。通过交换构象，系统可以在不同温度下进行更广泛的采样。副本交换方法可以有效地跨越能量垒，提高对构象空间的采样效率。适用于各种分子体系，尤其是具有高能量垒的系统。但是副本的数目与体系原子数的平方根成正比，对全原子体系来说需要进行许多副本的模拟，计算成本较高。

（2）伞形采样（umbrella sampling）

该方法在反应坐标上设置一系列“窗口”，每个窗口进行独立的分子动力学模拟，并在模拟过程中施加一个偏置势，使得系统在该窗口内更频繁地采样特定区域的构象。然后将各个窗口的采样结果合并起来，得到整个反应坐标上的概率分布。可以精确地计算沿着特定反应坐标的自由能变化，对于研究分子体系的构象转变和化学反应等过程非常有用。但该方法需要选择合适的反应坐标，此外计算成本较高，尤其是对于复杂的分子体系和多维反应坐标。

（3）元动力学（metadynamics）

该方法通过在分子动力学模拟过程中，周期性地向系统中添加一个与选定的反应坐标相关的高斯型偏置势，使得系统逐渐远离已经采样过的构象区域，从而迫使系统探索新的构象空间。随着模拟的进行，偏置势不断积累，最终可以得到系统的自由能表面。

该方法可以自动探索构象空间，无需预先设置多个窗口。适用于复杂的分子体系和多维集体变量。

4.2 反应坐标

分子动力学模拟基于原子体系在前一时间步长的位置和速度，通过数值积分方法求解其当前时刻的位置和速度，从而描述多粒子体系的动力学演化过程。分子动力学模拟是建立在各态历经假说，即系统经长时间演化后状态的统计规律与当前系统中所有状态的统计规律一致。然而绝大多数分子动力学轨迹呈现出非遍历特性，整个构象空间的大量区域未能有效历经。这种现象主要源于状态间的高能垒以及构象空间的高维度。对于生物大分子体系，其自由度为 $3N-6$（N 为原子数目）。然而在大多数情况下，大部分的自由度为原子的快速热运动，在采样过程中不需要关注这些快速的自由度运动。同生物分子功能相关的往往是一些慢反应，而与这些反应相关的“关键”自由度也被称为反应坐标。

4.2.1 反应坐标定义

反应坐标（reaction coordinate），也可以称为集体变量（collective variable，CV）是指 $3N$ 维原子坐标 $\boldsymbol{x}\equiv(x_i \mid i=1\cdots 3N)$ 的任何多维函数 $\boldsymbol{s}(\boldsymbol{x})$，函数 $\theta_1(\boldsymbol{x})$，$\theta_2(\boldsymbol{x})$，…，$\theta_M(\boldsymbol{x})$ 将构象 x 映射到 M 维 CV 空间 $\boldsymbol{z}\equiv(z_j \mid j=1\cdots M)$，其中通常为 $M\ll 3N$，在平衡状态下，在 CV 点 z 处观察到系统的概率是映射到 z 的所有配置 x 的权重：

$$P(z)=\langle\delta[\theta(x)-z]\rangle \tag{4-1}$$

δ 是狄拉克函数，只有在 $\theta(x)$ 等于 z 时不为 0。而〈＊〉表示对 x 的概率分布点求平均值。

4.2.2 基于 CV 的自由能采样

在 CV 空间 z 中自由能的计算方法如下：

$$F(z) = -k_B T \ln\langle\delta[\theta(x) - z]\rangle \tag{4-2}$$

式中，k_B 是玻尔兹曼常数；T 是温度。该自由能函数具有以下重要特征。

（1）亚稳态平衡特性

自由能面 $F(z)$ 的局部极小值对应体系的亚稳态平衡状态。这些亚稳态之间通过自由能垒相互隔离，其相对稳定性可由各极小值的自由能差直接表征。

（2）转变能垒量化

任意两个区域 z_A 和 z_B 之间的自由能差 $\Delta F\{A \to B\} = F(z_B) - F(z_A)$ 表征了构象转变的有效能量成本。对于生物大分子的变构调控研究，合理选择 CV 空间可建立重要构象态之间的自由能关联。

值得强调的是，基于 CV 的自由能计算方法为研究生物大分子动态过程提供了原子尺度的解析能力。该方法不仅能定位过渡态构型，还可追踪构象转变的微观路径，这对理解酶催化机制、离子通道门控等动态生物学过程具有重要理论价值。近年来，随着增强采样算法的发展，自由能面的计算效率已显著提升，使得复杂生物体系的长时间尺度模拟成为可能。

4.2.3 热力学积分

在分子动力学（MD）模拟里，有时需要让 MD 系统访问集体变量（CV）空间中难以抵达的点 z。一种可行方法是，在真实构象空间 x 中构建一个与之对应的构象。这本质上是一个反问题，因为真实构象空间 x 的自由度数，往往远多于集体变量空间 z 的自由度数。

为实现这种空间转换，一种常用手段是引入外力，将系统从易于制备的初始状态引导至目标点 z。靶向分子动力学（targeted MD）和定向分子动力学（steered MD），都能达成这一目的。在构建出对应构象 x 后，通常会让 MD 模拟继续运行，以便探索点 z 附近的集体变量空间。

但这种做法存在一个问题：系统可能会迅速偏离目标点 z。这就导致无法通过这类计算准确估计在无偏长时 MD 模拟中，系统访问点 z 的可能性。不过，系统偏离点 z 的现象也能提供有用信息，比如反映出系统离开点 z 的倾向。若能获取系统在点 z 初始化后移动的方向，以及平均移动强度，就可以据此衡量自由能或平均场的负梯度。

基于上述原理，我们可以采用三步法计算自由能 F（集体变量的统计量）：

① 访问集体变量空间中选定数量的局部点；

② 在每个局部点上计算平均力；

③ 运用数值积分方法，基于这些局部平均场，重建自由能 F。

$$F(z)-F(z_0)=\int_{z_0}^{z}\left(\frac{\partial F}{\partial z}\right)\mathrm{d}z \tag{4-3}$$

这种方法通常被称作“热力学积分”（thermodynamic integration，TI）。热力学积分通过收集选定点的自由能梯度，重建集体变量空间中任意点的统计权重。

4.3 自适应偏置力方法

自适应偏置力（adaptive biasing force，ABF）方法是一类典型的基于反应坐标的增强采样技术。ABF 方法的核心思想包含两个层面。

（1）实现均匀采样

施加一种外部偏置力，其大小与平均力相等、方向相反。这种设计能够让系统在集体变量（CV）空间上，实现更为均匀的采样。从原理上来说，常规分子动力学（MD）模拟往往局限于自由能极小值区域，这背后的“驱动力”正是集体变量平均力在原子坐标上的投影。因此，通过平衡这些力，即施加反向作用力，热运动便能够促使系统摆脱这些能量极小值的束缚。

（2）自适应收敛偏置力

在单次无约束 MD 模拟过程中，偏置力能够自适应地收敛。这一想法的实现相对复杂。在无 CV 约束的 MD 模拟运行过程中，由于约束系综并非采样对象，常规约束系综积分形式下的平均力计算方法并不适用。不过，Darve 等人成功找到了关联这些积分的方法，使得 MD 模拟生成的样本能够用于构建平均场。此外，他们还揭示了计算力所需的空间梯度与 CV 时间导数之间的等效性。

4.4 伞形采样方法

伞形采样（umbrella sampling）是一种应用十分广泛的增强采样技术，能够有效地解决体系陷入局部能量极小值，难以跨越能量壁垒这一难题，显著提高了自由能计算的效率与精度。

4.4.1 非玻尔兹曼采样

非玻尔兹曼采样是一类突破传统玻尔兹曼分布的采样方法，通过引入偏置势或修改采样规则，解决复杂体系（如生物大分子、化学反应体系）在常规采样中难以跨越能量壁垒的问题。其目标是高效探索相空间中的低概率区域，准确计算自由能差和动力学路径。与玻尔兹曼采样比较见表 4-1。

表 4-1 玻尔兹曼采样与非玻尔兹曼采样的比较

特性	玻尔兹曼采样	非玻尔兹曼采样
采样分布	自然服从玻尔兹曼分布	通过偏置或重加权调整采样权重
能量壁垒跨越	低效（依赖热涨落）	高效（主动驱动跨越）
应用场景	简单体系的平衡态模拟	复杂相变、高能垒过程
数据修正	无需修正	通过加权直方图法等消除偏置

对于一个原子势为 $V(x)$ 的系统，添加了一个偏置势 $\Delta V(x)$，得到一个具有偏置的总势：

$$V_b(x)=V(x)+\Delta V(x) \tag{4-4}$$

该偏置势在反应坐标空间的概率为：

$$P_b(z)=\frac{\int \mathrm{e}^{-\beta V_0(x)}\mathrm{e}^{-\beta\Delta V(x)}\delta[\theta(x)-z]\mathrm{d}x}{\int \mathrm{e}^{-\beta V_0(x)}\mathrm{e}^{-\beta\Delta V(x)}\mathrm{d}x}=\frac{\langle \mathrm{e}^{-\beta\Delta V(x)}\delta[\theta(x)-z]\rangle}{\langle \mathrm{e}^{-\beta\Delta V(x)}\rangle} \tag{4-5}$$

式中，$\langle * \rangle$ 表示集合平均；$\beta=1/k_\mathrm{B}T$；$V_0(x)$ 表示未加偏置的势；δ 函数表示 $\theta(x)=z$ 才不为零。

如何选择ΔV 以增强 CV 空间的采样？显然，从非玻尔兹曼采样的角度来看，偏置势越接近自由能的负值$-F(z)$，在反应坐标空间的采样就越均匀。换言之，如果 $\Delta V[\theta(x)]=-F[\theta(x)]$，则 $\mathrm{e}^{\beta\Delta V(z)}=\mathrm{e}^{-\beta F(z)}$，从而得到：

$$P_b(z)=\frac{1}{\langle \mathrm{e}^{\beta F(z)}\rangle}=\frac{1}{\int P(z)\mathrm{e}^{\beta F(z)}\mathrm{d}z}=\frac{1}{\int \mathrm{e}^{-\beta F}\mathrm{e}^{\beta F}\mathrm{d}z} \tag{4-6}$$

因此，将偏置势视为负自由能使 CV 空间中的所有状态 z 都是等概率的。然而，通常不能事先知道自由能分布。此外，对整个反应坐标空间进行完全均匀的采样通常不是必需的，因为大多数 CV 空间都有许多不相关的区域。

4.4.2 伞形采样原理

伞形采样是使用非玻尔兹曼采样来克服自由能障碍的标准方法。在其原始方法中，伞形采样使用了函数 $s(x)$，该函数对难以采样的区域位置进行加权，在势函数中添加：

$$\Delta V(x)=-k_\mathrm{B}T\ln s(x) \tag{4-7}$$

该形式的偏置势，使得在无偏置条件下易于采样的构象仍能被充分采样。s

是反应坐标的显式函数，就像一把“伞”，覆盖了构象空间中易采样和难采样的区域。

伞形采样的核心思想是在模拟中引入一个外部偏置势，将体系限制在特定的感兴趣区域内进行采样，从而克服能量壁垒，实现对不同状态的有效采样（图 4-2）。为了全面覆盖反应坐标的整个感兴趣范围，需要在反应坐标上设置多个窗口，每个窗口对应一个特定的偏置势中心 s_0。在每个窗口中进行独立的分子动力学模拟，收集体系在该窗口内的采样数据。由于偏置势的作用，体系在每个窗口内的采样效率得到提高，能够快速获得该区域内的充分采样。

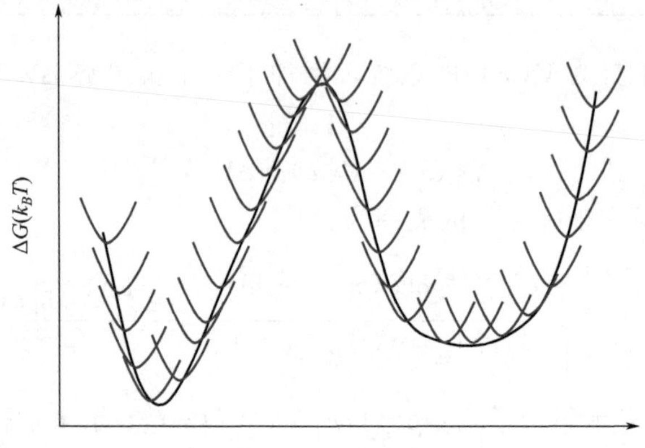

图 4-2　伞形采样方法

4.4.3　加权直方图分析法

从多个窗口收集到的采样数据不能直接用于计算自由能，因为每个窗口的采样是在不同的偏置势下进行的。加权直方图分析法（weighted histogram analysis method，WHAM）是一种常用的方法，用于整合多个窗口的采样数据，去除偏置势的影响，从而得到体系在无偏状态下的自由能分布。WHAM 的基本思想是通过迭代求解一组方程，使得每个窗口的采样数据在无偏自由能分布下的统计权重达到平衡。

具体来说，假设在反应坐标 s 上有 n 个窗口，第 i 个窗口的偏置势为 $U_i(s)$，在该窗口内的采样概率分布为 $P_i(s)$。无偏自由能 $F(s)$ 满足以下方程：

$$P_i(s)=\frac{e^{-\beta[F(s)+U_i(s)]}}{\sum_j e^{-\beta[F(s)+U_j(s)]}} \tag{4-8}$$

通过迭代求解上述方程，可以得到无偏自由能 $F(s)$ 的数值解。

4.4.4 伞形采样的实施步骤

（1）反应坐标的选择

选择合适的反应坐标是伞形采样成功的关键。反应坐标应能够准确反映体系的变化过程，并且与体系的自由能变化密切相关。在实际应用中，需要根据具体的研究问题和体系特点进行选择。例如，在蛋白质折叠研究中，可以选择蛋白质的回旋半径、二级结构含量等作为反应坐标。

（2）窗口参数的设置

确定窗口的数量、位置和力常数。窗口数量应足够多，以确保能够覆盖反应坐标的整个感兴趣范围，但也不能过多，以免增加计算量。窗口的位置应均匀分布在反应坐标上，力常数的选择要适中，既要保证体系在窗口内能够充分采样，又要避免偏置势对体系的影响过大。

（3）分子动力学模拟

在每个窗口内进行分子动力学模拟。模拟时间应足够长，以确保体系在该窗口内达到平衡，并获得充分的采样数据。在模拟过程中，记录体系的轨迹和反应坐标的变化。

（4）数据处理与自由能计算

使用加权直方图分析法（WHAM）对从各个窗口收集到的采样数据进行处理，计算体系在无偏状态下的自由能分布。根据计算得到的自由能分布，可以进一步分析体系的热力学性质和动力学过程。

4.5 元动力学方法

元动力学模拟方法也是一种非玻尔兹曼采样。自从 2002 年提出以来，该方法在生物体系和化学反应模拟计算等领域得到了越来越多的应用，也开发出了诸多的变种。

4.5.1 元动力学原理

元动力学植根于“局部增高”的原始思想，在这种思想中，额外的偏置势在分子的反应坐标空间中逐渐积累，以防止系统陷在构象空间的低能量区域。然而，与元动力学不同的是，局部增高没有提供任何手段来重建无偏的自由能景观，因此它主要目的在快速生成合理的构象。

元动力学模拟通过在模拟过程中逐步构建一个随时间变化的偏置势来促进系

统跨越能量障碍。这个偏置势是基于系统过去的状态信息构建的，它会随着模拟的进行不断更新，鼓励系统访问那些之前未被充分探索的区域。具体来说，偏置势通常是由一系列高斯函数组成，每个高斯函数都代表了系统在某个特定状态点上的势能贡献。随着模拟的进行，新的高斯函数会根据系统的当前状态不断添加到偏置势中，使得系统逐渐被引导到能量较高的区域，从而实现对整个能量地形更全面的采样。

在元动力学中，构型变量 x 响应有偏的总势而进化：

$$V(x)=V_0(x)+\Delta V(x,t) \tag{4-9}$$

式中，V_0 是无偏的原子间势；$\Delta V(x,t)$ 是时间相关的偏置势。元动力学的关键要素是偏置被构建为以 CV 空间中已访问的点为中心的高斯函数的总和：

$$\Delta V[s(x),t]=\eta \sum_{t'=\tau_G,2\tau_G,\cdots,t} \exp\left(-\frac{|s[x(t)]-s[x(t')]|^2}{2\delta s^2}\right) \tag{4-10}$$

这里，η 是每个高斯的高度；τ_G 是连续高斯沉积之间的时间间隔的大小；δs 是高斯宽度。分析证明，在指定 CV 上，根据朗之万动力学进化到极限之后，偏置势将收敛到自由能的负值，从而提供了增强跃迁事件发生的最佳偏置势。同时，还可以使用多个副本的模拟来更快地填充自由能面（图 4-3）。

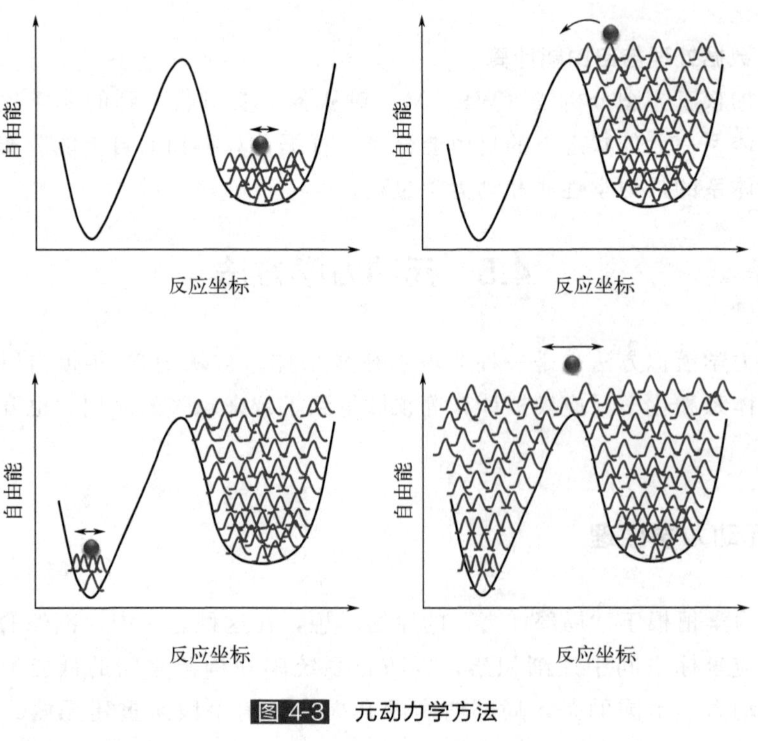

图 4-3 元动力学方法

4.5.2 元动力学方法流程

（1）初始化

首先，选择合适的集体变量，并确定模拟的初始条件，包括系统的初始构型、速度以及偏置势的初始参数（通常初始偏置势为零）。

（2）分子动力学模拟

在每个时间步，根据牛顿运动定律或其他合适的动力学方程，对系统进行常规的分子动力学模拟，计算系统中各个粒子的受力和运动轨迹。

（3）偏置势更新

在每个固定的时间间隔（或根据特定的条件），检查集体变量的值。如果集体变量的值发生了显著变化，或者系统进入了一个新的区域（根据预设的标准判断），则在偏置势中添加一个新的高斯函数。高斯函数的中心位于当前集体变量的值处，其宽度和高度则根据具体的算法和参数设置来确定。

（4）重复模拟与更新

不断重复步骤（2）和（3），随着模拟的进行，偏置势逐渐积累，引导系统探索不同的状态空间，直到达到模拟的终止条件（如达到一定的模拟时间、系统达到平衡状态或满足特定的研究目标）。

4.5.3 元动力学模拟优势

元动力学具有高效采样和对先验知识要求较少这两个优势。元动力学模拟能够在相对较短的模拟时间内实现对复杂系统能量地形的广泛采样，大大提高了模拟效率。这使得它特别适用于研究那些涉及罕见事件或慢动力学过程的系统，如蛋白质折叠、分子构象转变、化学反应中的过渡态等。与一些其他增强采样方法相比，元动力学模拟不需要对系统的能量地形有详细的先验知识。它通过自身的自适应机制，自动根据系统的演化来构建偏置势，从而能够有效地探索未知的能量区域。

由于其高效性和通用性，元动力学模拟在化学、生物学、材料科学等多个领域都有广泛的应用。例如，在蛋白质研究中，它可用于预测蛋白质的折叠路径和构象分布；在材料科学中，可用于研究材料的相变过程和表面吸附现象；在药物设计中，可用于探索药物分子与靶点的结合模式和结合自由能等。

4.6 改进型元动力学方法

元动力学方法适用性较广，且对体系先验知识要求较低，是自由能计算中使用最广泛的增强采样方法之一。然而，元动力学受到反应坐标数目的限制，其采样效率随反应坐标的增加呈指数降低，在实践中通常用到的反应坐标数目同时不超过 2 个。此外，原始的元动力学方法在判断采样收敛性上存在较大的缺陷，可能会陷入无限的重复采样。

为了解决这些问题并进一步提高采样效率，人们对元动力学方法进行了改进。

4.6.1 温和元动力学方法

温和元动力学（well-tempered metadynamics）通过调整偏置势的增长方式，让系统在探索新状态的同时，维持对已访问区域的“记忆”。在常规元动力学中，偏置势随模拟持续单调增加，这会使系统快速逃离初始区域，可能错过重要的中间状态。温和元动力学引入了一个温度参数 ΔT，对偏置势的更新进行修正。

温和元动力学的偏置势 $V(s, t)$ 更新时，每次在集体变量 s 的当前值处添加一个高斯函数 $w(s, t)$，会考虑系统的温度 T 和额外的温浴温度 ΔT。其高斯高度公式为：

$$\eta_i = \eta_0 \exp\left[-\frac{V(s,t)}{k_{\mathrm{B}} \cdot \Delta T}\right] \tag{4-11}$$

式中，k_{B} 为玻尔兹曼常数；η_0 为初始高斯高度。这一机制确保偏置势的增长不会无限增加，系统能以更合理的方式探索不同的状态空间。

4.6.2 偏置交换元动力学

偏置交换元动力学（bias-exchange Metadynamics）是对传统元动力学方法的一种扩展，旨在进一步提升在复杂能量地形体系中的采样效率。在常规元动力学中，单个模拟轨迹在单一的偏置势下探索能量空间，这可能导致对某些区域的采样仍然不足。而偏置交换元动力学引入了多个模拟副本（replica）的概念，每个副本都在不同的偏置势下独立进行模拟。

$$\min\left(1, \exp\left\{\frac{1}{T}\left[V_G^a(x^a, t) + V_G^b(x^b, t) - V_G^a(x^b, t) - V_G^b(x^a, t)\right]\right\}\right) \tag{4-12}$$

式中，$V_G^a(x^a, t)$ 和 $V_G^b(x^b, t)$ 分别是相邻副本 a 和 b 上构象的势。这些副本之间会定期交换其偏置势，使得不同的模拟轨迹能够探索不同的能量区域，同时又通过偏置势的交换实现信息共享。具体而言，在每个交换周期，算法会根据一定的准则（如基于 Metropolis 准则）决定是否交换两个选定副本的偏置势。这种交换机制允许系统跳出局部能量极小值，进入之前难以访问的区域，从而更全面地探索体系的自由能面。

4.6.3 路径元动力学

路径元动力学（path metadynamics）聚焦于系统沿特定反应路径的探索，旨在更精准地刻画复杂体系的动态过程。它突破了传统元动力学仅依赖集体变量进行全局探索的局限，通过预先定义一条或多条可能的反应路径，引导系统沿着这些路径进行增强采样。

在路径元动力学中，偏置势的构建与反应路径紧密相关。通常会沿着预设路径设置一系列的点，在模拟过程中，系统在这些点附近的运动受到偏置势的调控（图 4-4）。当系统靠近某点时，偏置势会促使其更有效地探索该点周围的状态空间，而系统远离这些点时，偏置势则会引导其返回路径附近，从而确保系统沿着既定路径进行充分的采样，避免因随机探索而偏离关键路径。

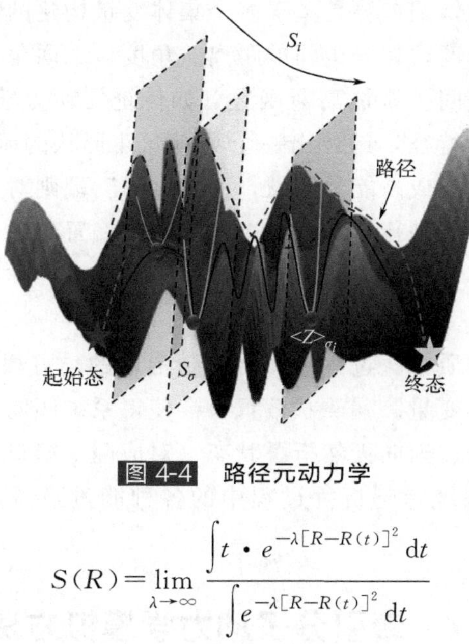

图 4-4 路径元动力学

$$S(R)=\lim_{\lambda\to\infty}\frac{\int t\cdot e^{-\lambda[R-R(t)]^2}\,\mathrm{d}t}{\int e^{-\lambda[R-R(t)]^2}\,\mathrm{d}t} \tag{4-13}$$

$$z(R)=\lim_{\lambda\to\infty}-\frac{1}{\lambda}\ln\int e^{-\lambda[R-R(t)]^2}\,\mathrm{d}t \tag{4-14}$$

式中，$S(R)$ 可以看作是沿路径切向方向的值，而 $z(R)$ 是路径纵向的偏离值。

4.6.4 漏斗元动力学

漏斗元动力学（funnel metadynamics）是一种用于探索复杂体系自由能面的

增强采样方法（图 4-5），其设计旨在更高效地引导系统跨越自由能垒，探索能量较低的稳定区域。该方法的核心在于构建一个类似漏斗形状的偏置势，以此引导系统朝着特定的目标状态演化。

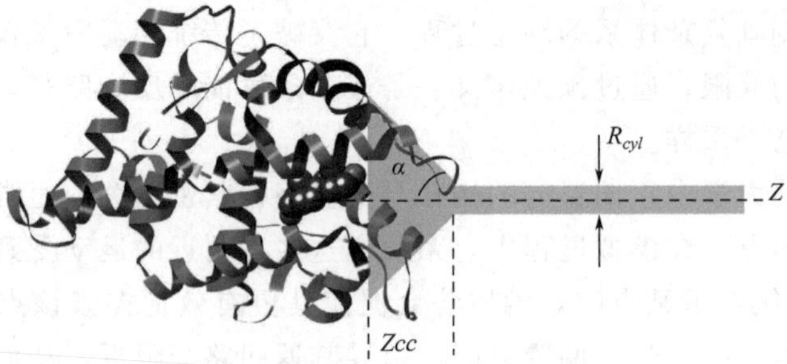

图 4-5 漏斗元动力学

在漏斗元动力学中，偏置势是基于多个集体变量构建的。这些集体变量通常反映了体系的关键自由度，如分子间的距离、角度、二面角等。偏置势的构建并非简单地在集体变量空间上添加高斯函数（如传统元动力学那样），而是根据体系的目标状态和动力学特征，设计出一个具有漏斗形状的函数。漏斗的“宽口”端对应着体系的初始状态或高能量区域，而“窄口”端则对应着目标状态或低能量稳定区域。随着模拟的进行，系统在这个漏斗状偏置势的作用下，逐渐从高能量区域向低能量区域移动，就像液体在漏斗中自然流下一样，从而实现对目标状态的高效探索。

例如，在研究蛋白质折叠过程中，可将蛋白质的均方根偏差（RMSD）以及二级结构含量作为集体变量。漏斗状偏置势会使得系统倾向于从蛋白质的伸展状态（对应漏斗宽口端）逐渐向天然折叠状态（对应漏斗窄口端）转变，在这个过程中，偏置势会引导系统跨越折叠过程中的各种能量障碍，找到最可能的折叠路径。

4.7 牵引分子动力学模拟方法

原子力显微镜（AFM）实验为分子动力学研究带来了新的思路，在此启发下 Schulten 等人开发了拉伸分子动力学（SMD）方法。SMD 在分子模拟领域应用广泛，主要通过向特定的一个或多个方向施加拉力，促使系统从初始状态转变到目标的最终状态。在 SMD 模拟过程中，外部偏置势为：

$$V_\lambda(q,t)=\frac{k(t)}{2}\left[s(q,t)-\lambda(t)\right]^2=\frac{k(t)}{2}\left[s(q,t)-s_0-vt\right]^2 \qquad (4\text{-}15)$$

式中，$k(t)$ 是谐波电位的力常数；v 是牵引速度；$s(q)$ 定义牵引方向；

λ 是与 $s(q)$ 相关的外部参数。SMD 是一种非平衡采样方法，但由 SMD 驱动的状态 i 和 j 之间的自由能差也可以通过测量拉伸分子动力学在系统上所做的功 $W_{i \to j}$ 来计算：

$$\Delta G = -\beta^{-1} \ln \langle \exp(-\beta W_{i \to j}) \rangle_0 \tag{4-16}$$

在蛋白质结构与动力学研究领域，SMD 方法的应用十分广泛。研究人员常用它来探索蛋白质的构象变化，研究配体从其结合口袋中解离的过程，挖掘各种潜在的配体解结合途径，并对解离过程中沿不同途径的自由能分布进行评估。这种特性，让 SMD 在理性药物设计领域发挥了重要作用。SMD 方法在短时间的模拟过程中，展现出了探索集体变量空间的强大能力。因此，它常与伞形采样和元动力学模拟方法结合使用。例如，在伞形采样中，SMD 可以为模拟准备起始构象。此外，研究人员还提出了自适应 SMD 方法，该方法的创新之处在于，后续模拟步骤的初始构型是从前一步模拟轨迹中获取的。值得一提的是，当选择均方根偏差（RMSD）作为集体变量时，SMD 也被称作靶向分子动力学（TMD）。

4.8 副本交换方法

4.8.1 温度副本交换方法

虽然基于集体变量（CV）的增强采样算法，极大地拓展了分子动力学（MD）模拟能够触及的时间尺度，然而这类方法存在一定的局限性。一方面，需要预先定义集体变量，以便精准描述实际生物事件；另一方面，体系中往往存在难以察觉的能量壁垒。在 MD 模拟过程中，确定最优的集体变量并非易事，特别是当体系内的过渡过程较为复杂时。一旦集体变量选择不当，模拟就很难达到收敛状态，得到可靠的结果。无集体变量的增强采样方法，为解决上述难题提供了有效途径。与基于集体变量的方法不同，无集体变量增强采样方法无需提前预设集体变量，因此降低了对目标生物过程先验知识的依赖。这使得研究人员在面对复杂生物体系时，能有效规避因集体变量选择不当导致的问题，拓宽研究的范围与深度。

复制交换分子动力学（REMD）也称为平行回火（PT），旨在增强构象探索。在 REMD 中，如图 4-6，目标系统的几个独立副本（称为副本）在不同温度下并行模拟。在固定的时间间隔内，将尝试交换相邻副本的温度或配置。仅当满足 Metropolis 标准时，才接受副本 i 和 j 之间的交换：

$$P(q_i \leftrightarrow q_j) = \min\left(1, \exp\left\{\left(\frac{1}{k_B T_j} - \frac{1}{k_B T_i}\right)[H(q_j) - H(q_i)]\right\}\right) \tag{4-17}$$

式中，$H(q_i)$ 和 $H(q_j)$ 分别是副本 i 和 j 的势能；T_i 和 T_j 分别是副本

i 和 j 的温度。实现了温度阶梯中复制品的随机游走，每个复制品都经历高温和低温。因此，通过将仅在高温下才能获得的配置转移到低温下的副本来增强构象空间的采样，从而获得准确的热力学信息或自由能景观。温度 REMD（T-REMD）的主要问题是，随着模拟系统变大，副本的数量会大大增加，因此对复杂的生物系统进行计算要求很高。

在 T-REMD 中，副本执行 MD 模拟的温度不同。但是，副本中的差异不仅限于此。任何控制参数都可以更改，例如，也可以针对不同的副本更改模拟系统的哈密顿量。

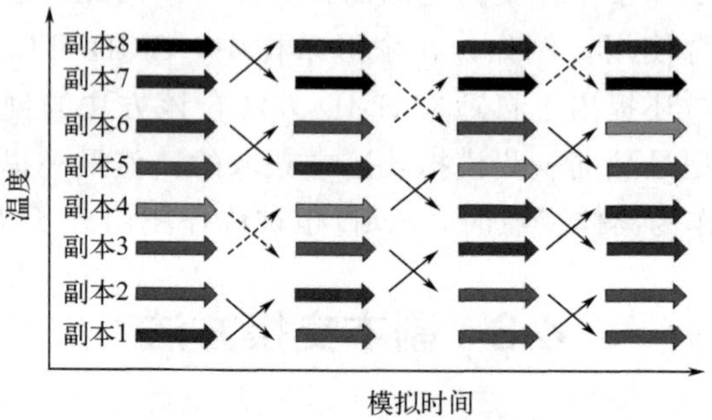

图 4-6 温度副本交换模拟方法

4.8.2 溶质退火副本交换

溶质退火副本交换（replica exchange with solute tempering，REST）通过对体系势能进行特殊处理来提高模拟效率。体系的势能可按作用对象划分为蛋白-蛋白相互作用（V_{pp}）、蛋白-溶剂相互作用（V_{pw}）以及溶剂-溶剂相互作用（V_{ww}），即 $V=V_{pp}+V_{pw}+V_{ww}$。在 REST2 中，对蛋白相关的项进行了缩放，蛋白-蛋白相互作用的势能被缩放至 β_i/β，蛋白-溶剂相互作用的势能被缩放至 β_i/β，而溶剂-溶剂相互作用的能量 V_{ww} 不在表达式中。这样，溶剂-溶剂相互作用带给交换率的影响被削弱，节省了计算资源。在 REST2 中，每个副本的哈密顿量不同，但温度相同，通过定义一个有效温度区间，最低有效温度 T_l 一般设为系统的真实温度 T，最高有效温度 T_h 为自定义温度，实现蛋白的局部升温。

已经提出了在复制交换模拟中修改哈密顿量的各种方法来解决 T-REMD 问题并提高采样效率。用于模拟溶剂化系统的溶质回火是其中一个很好的方法。在溶质缩放的复制交换（REST）中，溶质-溶质和溶质-溶剂相互作用在不同复制品中按不同的缩放因子进行缩放，而溶剂-溶剂相互作用保持不变。因此，相对较少的副本就足以获得良好的交换概率，为此需要交换副本的能量贡献有足够的重叠。该算法在 REST 中得到进一步改进，其中所有副本都在同一温度下模拟，同时通过缩放溶质的分子内势能来增强构象采样。与 T-REMD 相比，REST2 显示出显著降低的计算成本和更好的采样效率。

4.8.3 哈密顿交换副本

在不同哈密顿量下对系统的多个副本进行模拟，并依据特定概率尝试交换这些副本的构象。每个副本的哈密顿量由系统的势能和动能决定，不同副本的哈密顿量差异会导致其在能量面上的演化方式不同。在模拟过程中，根据系统的能量变化和统计力学原理，计算交换两个副本构象的概率。如果交换后的状态在能量上更有利或满足一定的统计条件，交换就会被接受，从而使系统能够更有效地跨越能量障碍，探索更广泛的构象空间。

哈密顿交换副本（HREX）首先需要准备多个相同系统的副本，并为每个副本设定不同的哈密顿量。这些哈密顿量的差异可以通过改变系统的参数，如势函数的参数、温度或其他外部场来实现。然后，在每个副本上独立进行分子动力学模拟，按照一定的时间步长更新分子的位置和速度。在模拟过程中，按照特定的频率（例如每隔一定的模拟步数），尝试在不同副本之间进行构象交换。具体的交换过程是将两个副本中分子的构象进行互换，然后分别计算交换前后系统的哈密顿量变化，根据预设的交换概率公式来决定是否接受交换。两个副本 i 和 j 之间交换尝试的 HREX 的 Metropolis 标准是：

$$P(q_i \leftrightarrow q_j)=\min\left\{1,\exp\left[\frac{H_i(q_i)-H_i(q_j)}{k_{\mathrm{B}}T_i}+\frac{H_j(q_j)-H_j(q_i)}{k_{\mathrm{B}}T_j}\right]\right\} \tag{4-18}$$

当所有副本都在同一温度下模拟时，上述两个方程等价。在 HREX 中，所有副本都在相同的温度下进行模拟，溶质的哈密顿量在不同副本上通过不同的缩放因子进行缩放，但溶剂-溶剂相互作用没有改变。使用 HREX，可以将缩放限制在模拟系统中感兴趣的某个部分。

4.9 加速动力学

2004 年，McCammon 小组开发了另一种无 CV 增强采样方法——加速分子动力学（aMD）。在 aMD 中，所研究系统的势表面增加了一个增强势，以促进不同构象状态之间的能量屏障缩放。当系统的势能低于阈值能量 E 时 $\Delta V(q)$ 被激活：

$$\begin{cases} V^*(q)=V(q) & V(q)\geqslant E \\ V^*(q)=V(q)+\Delta V(q) & V(q)<E \end{cases} \tag{4-19}$$

式中，$V(q)$ 是配置时系统的原始势；$V^*(q)$ 是修正后的势；$\Delta V(q)$ 是增强势，由下式给出：

$$\Delta V(q)=\frac{[E-V(q)]^2}{\alpha+E-V(q)} \tag{4-20}$$

式中，α 是预定义的加速因子，用于控制势能的平坦度，小的 α 对应的增强势大（图 4-7）。增强势可以作用在扭转势或整体势函数上，或者同时放在多种作用势上。类似在 HREX 中仅缩放溶质的一部分，增强势也只能添加到生物分子特定构象转换的区域。通过对系统的势能进行修改，降低不同状态之间的能量障碍，系统能够更快速地在构象空间中进行采样。具体来说，当系统的势能低于某个阈值能量时，会添加一个增强势，将能量阱提升，而高于该阈值的部分则不受影响。这样一来，相邻能量盆地之间的障碍减小，系统可以更容易地访问在传统分子动力学模拟中难以到达的构象空间。

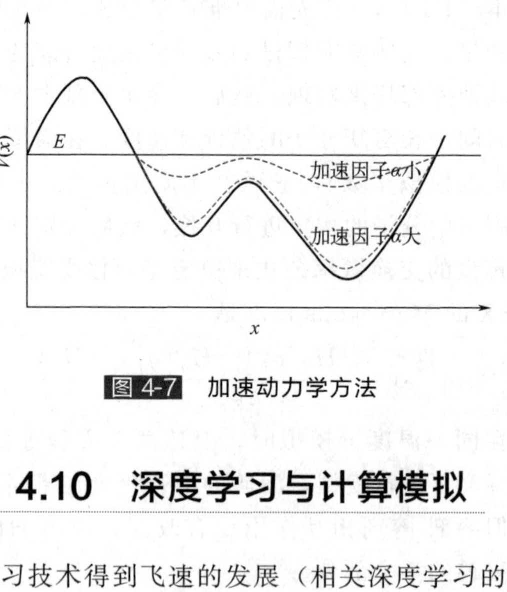

图 4-7 加速动力学方法

4.10 深度学习与计算模拟

近年来，深度学习技术得到飞速的发展（相关深度学习的介绍可以参见第七章）。深度学习方法也广泛应用于计算模拟领域，用于生成反应坐标、构象采样、模拟结果分析以及构建机器学习力场等。下面将从这几个方面进行介绍。

4.10.1 机器学习用于反应坐标的生成

在前面的章节中介绍了增强采样方法，其中有一些重要的增强采样方法依赖于在反应坐标中进行采样，例如伞形采样方法、元动力学方法等。相关的反应坐标需对应生物分子体系中重要的运动特征。然而，定义合适的反应坐标是一项具有挑战性的任务。通常情况下，反应坐标主要基于经验来选取，而利用机器学习降维以及近年来发展的深度学习方法都为自动学习反应坐标提供了解决方案。

（1）主元分析算法（PCA）

主元分析算法（principal component analysis，PCA）早在20世纪初便已开发，是维持全局结构信息的典型算法。该算法将高维数据点相对于几何中心的欧氏距离平方和，界定为需保留的“结构信息”。在通过线性变换进行降维时，以最小化该结构信息损失为目标，进而探寻承载最大运动信息变化的反应坐标。

然而，PCA方法存在固有缺陷：其一，以全局欧氏距离衡量信息，这一预设并非在所有场景下都合理；其二，PCA要求将数据降维至超平面，仅允许对数据进行全局线性变换，这一假设在多数实际情况中过于严格，难以满足复杂数据分布的需求。

（2）基于黎曼流形假设的降维算法

更具普适性的假设是：高维数据分布于一个（或多个）黎曼流形之上。在此假设下，欧氏距离仅适用于刻画数据点的局域结构，具体可通过构建离散数据点的近邻图实现，而全局结构则可看作这些近邻图的组合。

基于此思想，诞生了如等距映射算法（isomap）与扩散映射算法（diffusion map）。其中，isomap采用测地线距离衡量数据点间距，diffusion map则借助模拟扩散距离进行度量。两种算法均以降维映射前后数据点间距尽可能保持不变为目标，通过“展平”流形实现降维。将isomap与diffusion map应用于分子模拟数据分析时，能够挖掘出非线性依赖高维数据的反应坐标，为复杂体系的分析提供更贴合实际的维度简化方案。

（3）变分自编码器

变分自编码器（variational autoencoder，VAE）于2013年被提出，其核心是通过精巧设计的神经网络架构实现数据维度变换（图4-8）：利用编码器对原始数据降维，得到隐变量；再通过解码器对隐变量升维，生成与原始数据同维度的输出。若生成数据与原始数据的分布高度吻合，则表明编码（降维）过程几乎无信息损失，低维隐变量具备与原始数据相近的表征能力。

从训练机制看，VAE通过优化编码器与解码器的参数，以最小化生成数据与原始数据的分布差异。其中，隐变量的“信息价值”以复现原始数据分布的能力为度量标准。相较于非神经网络降维算法（如PCA、isomap等）预设数据结构信息（如全局欧氏距离、流形距离）的做法，VAE对信息的度量更具普适性与整体性。

在生物分子模拟系统中，这一特性展现出独特优势：其一，VAE能够通过降维挖掘具有整体性的反应坐标；其二，基于深度神经网络的编码器-解码器架构，赋予VAE强大的表达能力，降低模型对预设信息的依赖，提升降维有效性。因此，VAE成为生物分子模拟中提取反应坐标的重要工具。

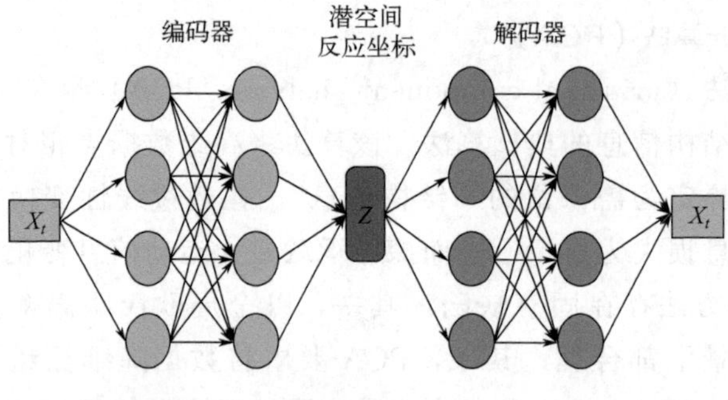

图 4-8 机器学习用于反应坐标生成

4.10.2 机器学习用于构象采样

（1）非生成性模型

机器学习算法不仅可以用于寻找合适的反应坐标，还可以直接用于辅助分子模拟采样。例如，在利用元动力学方法进行增强采样和自由能计算时，需要在分子体系的固有能量面添加一定形状的高斯形偏置势，而确定高斯形偏置势的参数及其变化规律非常关键，其直接影响采样效率。过强的高斯形偏置势可能会导致采样进入非物理的区域，而过弱的高斯形偏置势又难以遍历感兴趣的构象空间区域。比如通过结合神经网络与变分增强采样思路，以变分形式在增强采样模拟过程中自适应地更新偏置势，使得反应坐标的实际分布能够逼近目标分布。

另一个使用神经网络给出偏置势用以增强采样的例子是 TALOS（targeted adversarial learning optimized sampling）。类似生成对抗网络的思想，TALOS 使用 Wasserstein 距离衡量真实分子模拟引擎生成的构型分布与目标构型分布的差异，将此距离的计算转化为对一个判别器网络的优化问题。TALOS 的训练同样类似于 GAN：对每个偏置势，通过优化判别器网络计算两分布 Wasserstein 距离的近似值，以之作为两分布差异的数值衡量；最小化此差异以优化偏置势，从而使偏置势下模拟产生的构型分布尽可能接近目标分布。

（2）生成模型

在上述示例中，机器学习算法仅作为构建反应坐标或设定偏置势的手段，本质上是增强采样过程中的辅助工具，并不直接参与分子构型的采样生成。近年来，生成模型领域取得了显著进展，研究人员能够借助神经网络直接生成生物分子构型，这为新型增强采样算法的开发提供了全新的思路。目前，在该领域广泛应用的生成模型主要包括变分自编码器（VAE）、生成对抗网络（GAN）以及标准化流模型等（见图 4-9）。此前已提及，变分自编码器（VAE）通过编码器-解码器架构对原始数据进行降维与再升维操作，其目标是使生成数据尽可能逼近原始数据分布，这种相似性要求具体体现在损失函数中的 Kullback-Leibler（K-L）散度项。然而，实际上 VAE 的损失函数是由两部分相互拮抗的项组成：其中一部分促使低维空间中的隐变量尽可能服从高斯分布。这种机制导致解码器并非编码器的严格逆变换，而是在对低维空间高斯分布参数进行拟合后实施采样操作。生成对抗网络（GAN）则采用了一种不同的策略，其利用一个判别器来判定生成器所生成的结构是否合理（判别生成的分子构型与原始数据的相似性这一标准，通过判别器的训练过程得以确立）。在这一过程中，由生成器生成且被判别器所接受的分子构型即可作为有效的采样结果。标准化流模型则通过构建一系列可逆变换，在两种分布之间建立起精确的映射关系。

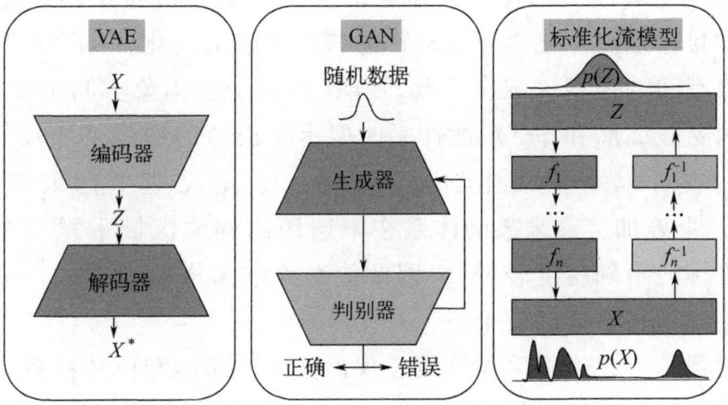

图 4-9　用于构象采样的深度学习模型

用神经网络本身作为采样核心的一个代表性例子是 Boltzmann Generator。它将神经网络作为采样核心，充分展现了标准化流模型作为可逆生成模型，在两种分布间建立联系的数学优势。实际中，分子构型遵循玻尔兹曼分布，直接采样难度大。Boltzmann Generator 运用标准化流模型，构建可逆坐标变换，把易采样的高斯分布映射为玻尔兹曼分布，实现符合玻尔兹曼分布的采样。

假设变量 x 取自高斯分布，概率密度为 $q(x)$；z 代表生物大分子结构的原子坐标，概率密度为 $r(z)$，应当符合玻尔兹曼分布。需要注意的是，即使通过训练建立起变量之间的映射函数，$z=f(x)$，变量 z 的概率密度并不是简单的 $r(z)=r[f(x)]$，而是需要考虑体积元变化：

$$q(x)=r(z)[J(z)]^{-1}=r(z)\left|\det_{kl}\frac{\partial f_k(z)}{\partial z_l}\right|^{-1} \tag{4-21}$$

式中，$J(z)$ 是矩阵 z 的雅各比函数；det 是求秩运算。在 Boltzmann Generator 的实际训练中，可以选择多种训练方式：①将实际轨迹作为玻尔兹曼分布端的输入 z，并通过训练将经变换输出的 x 优化为高斯分布；②将根据高斯分布采样得到的 x 变换得到构型 z，并根据分子力场计算其能量，通过训练使 z

的分布优化到玻尔兹曼分布；③结合前两种方法训练；④在前三种方式的基础上加入额外依赖于反应坐标的损失项，使得变换后的分子构型尽可能在反应坐标空间均匀分布（类似元动力学的思想），此后再进行 reweighting 操作，得到正确的分布。在将 Boltzmann Generator 用于 BPTI 蛋白的构象采样时，成功得到了其“X”态到开放的“O”态之间的构象转变，即使这种转变的过渡态并不存在于训练集中，展现了 Boltzmann Generator 用于生物分子构象采样的强大能力。

（3）强化学习

另外一类常见的增强采样算法采用了强化学习方法。强化学习使用奖惩机制，在不同的环境条件下强化学习器采取不同的动作时将给出一定的奖励或惩罚，而训练的目标是使强化学习的动作能够将奖励最大化。REAP 算法将奖惩机制与分子构象空间的探索绑定在一起，寻找最利于在构象空间扩散的反应坐标。该方法用于丙氨酸二肽和 Src 激酶体系时展示了出色的增强采样效果。基于类似的思想，人们也可以基于强化学习，在沿所设定反应坐标采样的不确定度（uncertainty）上施加奖惩来鼓励体系在未遍历的构象区域采样（在已经遍历的方向上反应坐标的不确定度较低），因此能对增强采样模拟施加一个自适应的灵活偏置势，达到增强采样的效果。

综上，机器学习在增强采样领域表现出强大的功能和应用前景，既可以在传统增强采样算法框架下通过构建反应坐标发挥作用，也可以通过自适应的方式提供更高效灵活的偏置势，还可以直接利用生成模型作为采样核心。随着新的机器学习算法的开发，将机器学习用于辅助生物分子模拟的增强采样是未来生物分子模拟领域的重要课题。

4.10.3 机器学习用于数据分析

生物分子模拟的核心挑战在于如何从高维轨迹数据中提取可解释的热力学与动力学信息，并实现与实验数据的定量关联。这一过程主要涉及四个关键环节：①高维数据特征提取；②轨迹降维与反应坐标构建；③微观状态粗粒化及马尔可夫状态模型建立；④低维自由能面构建。机器学习技术在此领域发挥着关键作用：基于深度学习的反应坐标构建（如增强采样算法）可有效捕捉分子构象变化特征。典型应用包括 VAMPNet 模型，该框架通过变分马尔可夫过程理论（VAMP），利用深度网络自动构建特征空间，直接由轨迹数据生成马尔可夫状态模型，从而提取弛豫时间尺度的动力学信息并推断自由能景观。这类数据驱动方法突破了传统分析的维度限制，为揭示生物分子动态机理提供了新研究范式。

4.10.4 机器学习用于分子力场构建

（1）机器学习用于力场的构建

机器学习在生物分子力场建模中的典型应用是通过原子坐标和量子力学能量数据训练深度势能模型（图 4-10）。这类模型利用神经网络的前向传播替代复杂的量子力学计算，在保持精度的同时显著提升分子动力学模拟效率。其核心设计包含两个关键技术：首先采用原子相对坐标或对称性特征作为输入，确保模型对分子平移和旋转的不变性；其次通过深度网络直接输出体系总能量与原子受力，并与主流分子动力学软件兼容。

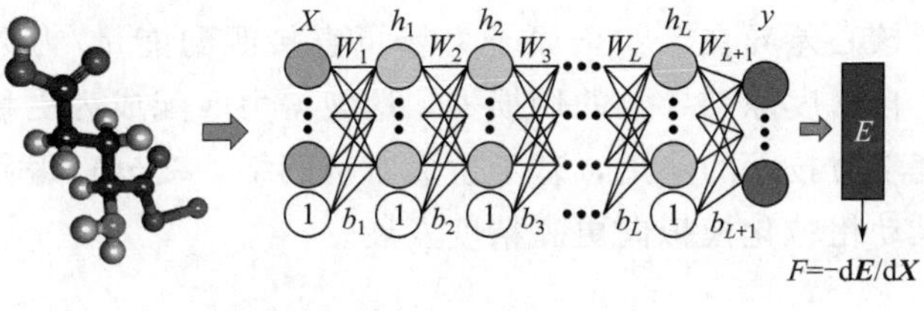

图 4-10 神经网络学习力场参数

为保持体系对称性，除相对坐标系外，另一种策略是基于原子局域环境构造对称函数特征。该方法通过计算中心原子与邻近粒子的距离、夹角等参数生成对称化输入特征，避免了坐标转换的复杂性，显著提升了神经网络对材料体系（如金属氧化物）和有机分子的建模能力。这类对称特征编码方式已成为机器学习势能开发的重要范式，支持从体相材料到复杂生物分子的高精度模拟。

随着卷积神经网络（CNN）展示出其对图像特征提取与识别的强大能力并在机器学习领域带来革命，人们也尝试使用 CNN 处理图像的范式来处理分子构型并映射到能量面或力场。特别是残差网络构架的引入，使得人们可以在避免过拟合的前提下，构建足够深度的 CNN 网络，以增强其拟合效果。一个代表性的例子是 SchNet。SchNet 以残差卷积网络实现对分子构型特征的提取。不同于处理图像数据使用的网格状离散滤波器，为了保证能量面的光滑性与精确性，SchNet 采用了连续滤波器。相对于深度前馈网络，基于 CNN 架构的 SchNet 能够显著提升在量子化学精度数据集 QM9（包含有机小分子的构型、能量等）的预测精度，也在分子动力学数据集上有更好的表现。

（2）机器学习用于粗粒化力场的构建

相较于量子化学方法，全原子分子动力学通过力场模型显著扩展了生物分子体系的模拟时空尺度，可研究蛋白质折叠等过程。然而对于百万级原子的复杂体系（如病毒颗粒、染色质），其毫秒级动态仍远超当前算力极限。为此，粗粒化方法通过将多个原子合并为虚拟粒子大幅降低自由度，但需解决两个关键问题：如何构建高精度力场，以及如何表征被冻结自由度的熵效应。粗粒化力场构建主要采用以下两种策略。

① 自下而上法：基于高精度模拟数据优化参数，例如力匹配法通过约束粗粒化粒子受力与全原子模型一致，隐含包含熵效应的平均力势。此类方法已衍生出深度学习框架（如 DeePCG、CGNet），利用神经网络架构直接学习力场参数，在保留全原子模拟统计特性的同时提升计算效率。

② 自上而下法：通过实验观测或宏观性质反推力场参数，但需反复执行模拟优化，存在显著计算成本瓶颈。最新进展结合生成模型（如标准化流、去噪扩散模型），先训练粗粒化构象生成器，再从中提取动力学参数，为平衡精度与效率提供了新思路。

两种策略的核心差异在于：全原子力场可直接匹配能量/力数据，而粗粒化模型需额外补偿自由度冻结导致的熵损失，这使得力匹配成为更稳健的参数优化目标。随着深度学习技术的渗透，基于生成对抗网络、变分自编码器等架构的新型建模方法正推动粗粒化模拟向更高精度发展。

参考文献

[1] Kampen N G. Stochastic processes in physics and chemistry(Third Edition)[M]. 北京：世界图书出版公司北京公司，2010.

[2] Hsu C，Fannjiang C，Listgarten J. Generative models for protein structures and sequences[J]. Nat Biotech，2024，42(2)：4.

[3] Laio A，Parrinello M. Escaping free-energy minima[J]. PNAS，2002，99(20)：12562-12566.

[4] Sugita Y，Okamoto Y. Replica-exchange molecular dynamics method for protein folding[J]. Chem Phys Letter，1999，314：141-151.

[5] Torrie G M，Valleau J P. Nonphysical sampling distributions in Monte Carlo free-energy estimation：Umbrella sampling[J]. J Comput Phys，1997，23(2)：187-199.

[6] Park S，Schulten K. Calculating potentials of mean force from steered molecular dynamics simulations[J]. J Chem Phys，2004，120：5946-5961.

[7] Wang L，Friesner R A，Berne B J. Replica exchange with solute scaling：a more efficient version of replica exchange with solute tempering (REST2)[J]. J Phys Chem B，2011，115(30)：9431-9438.

第五章
分子模拟在生物体系中的应用

分子动力学模拟在生物领域里面得到了广泛的应用，下面将结合一些具体的生物学问题进行介绍。

5.1 蛋白质稳定性分析

蛋白质的稳定性是重要的生化特性，对其功能的行使发挥关键作用。蛋白质的特定结构决定了其特定的功能，而稳定性是维持这种结构的关键因素。通过研究蛋白质的稳定性，可以深入了解蛋白质的三维结构如何影响其功能的发挥。例如，某些酶的活性中心结构的稳定性对于催化反应高效进行至关重要。如果酶的结构不稳定，可能导致活性中心的构象发生变化，从而降低催化效率。

此外，蛋白质的稳定性与其折叠状态密切相关。正确折叠的蛋白质通常具有较高的稳定性，能够维持其特定的生物学功能。相反，错误折叠的蛋白质可能会失去活性，甚至形成聚集体，引发疾病。许多疾病与蛋白质的稳定性异常有关。例如，某些遗传性疾病源于基因突变，该突变会降低蛋白质稳定性，从而引起蛋白质功能丧失。阿尔茨海默病、帕金森病等神经退行性疾病则与蛋白质错误折叠和聚集有关。通过研究蛋白质稳定性，可以为这些疾病的诊断提供新的生物标志物。提高蛋白质的稳定性也可以为药物研发提供新的策略。例如，通过对药物靶标蛋白质的稳定性进行改造，可以提高药物的结合亲和力和特异性，从而增强药物的疗效。通过研究蛋白质稳定性，可以优化蛋白质药物的设计和制备工艺，提高其稳定性和生物利用度。例如，采用蛋白质工程技术对蛋白质药物进行改造，增加其稳定性；或者开发新的药物制剂，保护蛋白质药物免受外界环境的影响。

作为一种具有高效催化作用的蛋白质，蛋白酶在食品、化工、制药等工业领域有着广泛的应用。酶的稳定性直接影响其催化效率和使用寿命。通过研究酶的稳定性，可以开发出更加稳定的酶制剂，提高工业生产的效率并降低成本。例如，在食品加工中，使用稳定性高的酶制剂可以在较宽的温度和 pH 范围内保持活性，从而提高食品的品质和安全性。在生物燃料生产中，稳定的酶可以提高生物质转化为燃料的效率。

分子动力学模拟在蛋白酶的稳定性分析方面发挥重要作用：

(1) 酶结构稳定性研究

酶在不同环境条件下（如温度、pH、溶剂等）会发生构象变化，这些变化可能影响其稳定性。分子动力学模拟可以追踪酶分子中各个原子的运动轨迹，观察其在模拟过程中的构象动态变化。例如，通过模拟可以发现某些关键区域的氨基酸残基的运动方式，判断这些区域是否容易发生结构的扭曲或变形，进而评估酶的结构稳定性。此外，酶分子中存在一些柔性较高的区域，这些区域通常对酶的稳定性和功能具有重要影响。分子动力学模拟可以计算酶分子不同区域的运动幅度和频率，从而确定哪些区域是柔性的。对柔性区域的研究有助于理解酶的结构-功能关系，也可以为酶的改造和优化提供依据。

(2) 相互作用分析

酶分子内部的氨基酸残基之间存在各种相互作用，如氢键、范德瓦耳斯力、静电相互作用等，这些相互作用维持着酶的三维结构和稳定性。分子动力学模拟可以计算这些相互作用的强度和变化情况。例如，在模拟过程中可以观察到氢键的形成和断裂、静电相互作用的变化等，从而分析这些内部相互作用对酶稳定性的影响。酶与周围环境中的分子（如底物、抑制剂、溶剂等）也存在相互作用。分子动力学模拟可以研究酶与这些外部分子的结合模式和相互作用强度。例如，通过模拟酶与底物的相互作用，可以了解底物的结合对酶结构的影响，以及这种结合是否能够增强酶的稳定性。

(3) 热稳定性研究

温度是影响酶稳定性的重要因素之一。分子动力学模拟可以在不同温度条件下对酶进行模拟，观察酶的结构和性能的变化。例如，可以计算酶在不同温度下的均方根偏差（RMSD）、均方根波动（RMSF）等参数，以评估酶的热稳定性（图 5-1）。此外，还可以通过模拟研究酶的热变性过程，了解酶在高温下的结构破坏机制。

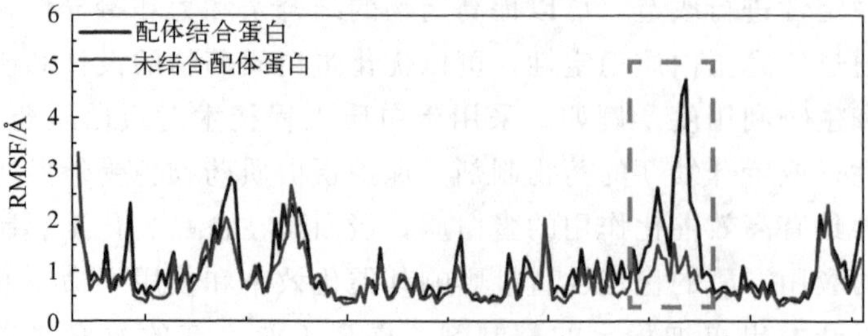

图 5-1 残基的均方根波动（RMSF）能反映蛋白质上每个残基的稳定性

(4) 突变对稳定性的影响

对酶进行基因突变是一种常见的改造方法，但突变可能会影响酶的稳定性。分子动力学模拟可以预测基因突变对酶结构和稳定性的影响。通过模拟突变后的酶分子，分析其构象变化、相互作用的改变等，从而评估突变对酶稳定性的影响。这有助于筛选出具有更高稳定性的突变体，为酶的定向进化提供指导。

(5) 动力学过程研究

酶的催化反应是一个动态的过程，涉及酶与底物的结合、催化反应的进行以及产物的释放等步骤。分子动力学模拟可以研究这些动力学过程，了解酶在催化反应过程中的结构变化和稳定性。例如，通过模拟可以观察到酶与底物结合后的构象调整，以及这种构象调整对催化反应的影响。这对于深入理解酶的催化机制和稳定性具有重要意义。

5.2 配体-蛋白质相互作用的计算模拟

在生物化学和药物设计领域，配体-蛋白相互作用的计算模拟是一项重要的研究方法。这种计算模拟旨在理解和预测小分子（配体）与蛋白质之间的相互作用，以揭示蛋白质的结构和功能，以及指导药物设计的过程。计算模拟配体-蛋白相互作用的方法包括分子对接、分子动力学模拟、分子力学建模等。这些方法可以帮助研究人员预测配体与蛋白质的结合模式、结合位点、结合能力等重要信息（图 5-2），有助于解释生物学过程和指导药物设计的方向。

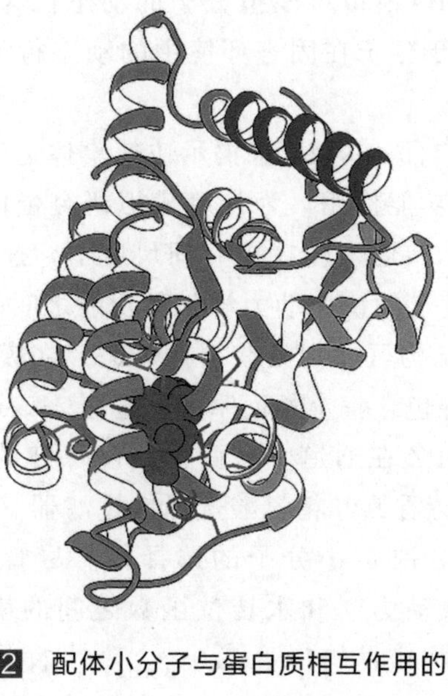

图 5-2 配体小分子与蛋白质相互作用的计算

通过将分子动力学（molecular dynamics，MD）模拟和固态核磁共振谱（solid-state nuclear magnetic resonance，ssNMR）方法结合在一起，研究人员可以更全面地理解生物大分子的结构、动态和相互作用，为药物设计和生物学研究提供更深入的见解。目前，MD 模拟与 ssNMR 方法结合研究最多的领域是多肽和药物小分子与磷脂膜的相互作用。如短杆菌肽 A 通道中钠的结合位点、蜂毒肽与 DMPC 磷脂层作用，以及后续人类胰岛淀粉样多肽、金刚烷胺、前列环素和人 β 防御素等。总体来看，这些研究基本上都集中于多肽或药物与磷脂膜的相互作用。然而，膜蛋白种类丰富、功能多样，除了其中的多肽类与磷脂作用外，还有数量更多结构也更加复杂的膜蛋白。就发挥生物学功能来说，膜蛋白与离子和小分子化合物的相互作用机理的阐述也离不开 MD 模拟和 ssNMR。

5.3 动态蛋白的计算模拟

结合分子动力学（MD）模拟和固态核磁共振谱（ssNMR）方法可以深入研究分子的动态行为。这种结合方法能够提供对分子在原子水平和固态环境中的动态行为的全面理解。这种研究方法具有很多关键优势。①多尺度视角。MD 模拟提供了原子级别的动态信息，揭示了分子的构象变化和运动。ssNMR 方法提供了固态环境下的结构和动态信息，有助于验证 MD 模拟结果并提供实验支持。②结构验证。结合 MD 模拟和 ssNMR 方法可以更准确地验证和解释分子的结构和构象。ssNMR 可以提供实验数据，用于验证 MD 模拟中预测的结构和动态信息。③动态行为研究。MD 模拟可模拟分子的动态行为，如振动、扭曲和转动。ssNMR 方法可以提供关于分子在固态环境中的动态行为的信息，如旋转和共振耦合。

编者使用 MD 模拟结合 ssNMR 来揭示快速集体运动在水转移通道水通道蛋白 Z（AQPZ）中的关键功能作用，为计算模拟研究蛋白质动态提供了一个典型案例（图 5-3）。AQPZ 水转运发生在短时间尺度上，速率约为 $10^8\ s^{-1}$，使其成为研究 ns-to-μs 时间尺度上的快速动力学与其功能之间的直接相关性的良好模型蛋白。AQPZ 的 X 射线结构可在别处获得。AQPZ 在膜上起同源四聚体的作用。四聚体的每个单体亚基都包含一个长而窄的水通道，该通道由六个长螺旋和两个短跨膜 α-螺旋包围。AQPZ 在通道中有两个高度保守的功能基序：天冬酰胺-脯氨酸-丙氨酸双基序以及芳香族和精氨酸选择性过滤器（SF）区域。SF 区域构成了水通道中最窄的部分，决定小分子的选择性。尽管 AQPZ 的高分辨率三维（3D）结构可用，但构象动力学和水转位函数之间的耦合仍然难以捉摸。在这里，研究者测量了大量特定的 $^{1}H\alpha$-$^{13}C\alpha$（$S_{C\alpha H\alpha}$）、^{15}N-$^{13}C\alpha$（$S_{NC\alpha}$）单键偶极参数，位点特异性 ^{15}N 旋转坐标系自旋晶格弛豫速率（^{15}N-R1ρ），及 ^{15}N 自旋晶格弛豫率（^{15}N-R1）通过覆盖 AQPZ 所有结构元件残基的 2D 和 3D ssNMR 波谱。具有单个运动时间尺度的 3D 高斯轴向涨落（3D GAF）模型对这些动力学数据的分析表明，跨膜 α-螺旋在数十纳秒的时间尺度上执行小振幅（约 10°）各向异性集体运动（ACM）。MD 模拟表明，跨膜螺旋的小振幅集体运动对于水跨通道的易位至关重要，这促进了 SF 区域的打开以及水与 SF 区域中关键残基 H174 和 R189 之间氢键（HB）的形成。水编辑实验进一步证明了关键残基 H174、R189 和水分子之间的相互作用。在 ns 到 μs 时间尺度上观察快速小振幅集体运动与蛋白质功能的直接相关性，为理解蛋白质功能中的快速动力学提供了显著的见解。

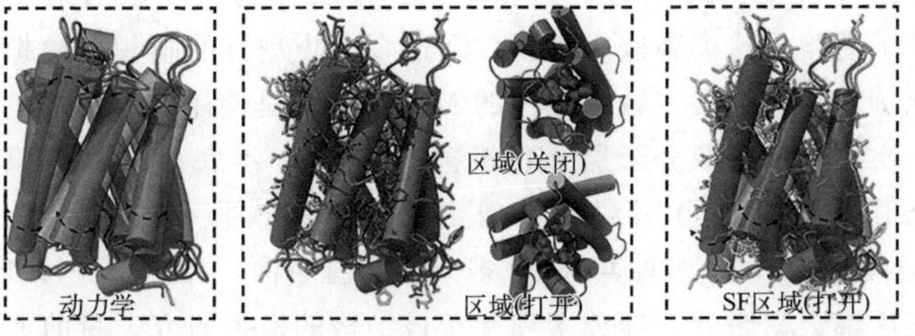

图 5-3 蛋白质动态的计算

5.4 膜蛋白的计算模拟

生物膜自身的结构特点对分子模拟的应用造成了挑战。早在 1977 年 MD 模拟已经用于蛋白质体系研究中，然而直到 1990 年左右，MD 模拟才正式应用到生物膜模拟之中。膜模拟出现相对较晚是由生物膜自身结构特点导致的。第一，膜本质上是二维的半无限系统，因此在不引入伪影的情况下，使用周期性边界条件对生物膜进行建模所需的最小系统尺寸相对较大。第二，非极性膜内部的弱相互作用与极性头部区和膜-水界面的强相互作用之间的微妙平衡对力场的发展提出了新的挑战。第三，膜的对称性促使需要对长程静电力（例如 Ewald 求和）进行更精确和计算要求更高的处理，以取代典型的生物分子模拟中不充分的球面截断方法。第四，即使是膜中最基本的运动——酰基链中的扭转跃迁，也需要相对较长的模拟时间。

随着膜模型研究的不断发展，膜模型组分越来越复杂，效果也越来越逼真。Egberts 和 Berendsen 在 1988 年报告了对包括极性头基、水和中和离子在内的完整脂双层的 MD 模拟研究，尽管它实际上是对三元醇-脂肪酸-水混合物的模拟，但它引入了模拟方法学和分析技术，被广泛应用于后续更具生物相关性的脂双分子层的模拟研究。到 20 世纪 90 年代，Ewald 求和开始成为膜模拟中处理静电相互作用的标准方法。目前由于高精度的粗粒化模型和全原子模型开发，以及自动化膜模拟的构建和分析，使得膜的模拟正从简化向多组分真实膜转变，膜的模型已十分逼真。这种膜模型对于揭示复杂的真实细胞膜环境中蛋白质-脂质的相互作用具有非常重要的意义。在真实细胞膜复杂的环境中，仅仅依靠实验测量完全达到目的十分困难。理论膜模型可广泛用于膜蛋白功能和活性、膜活性肽的结合、纳米颗粒摄取、药物-膜相互作用、离子液体和膜、孔形成、脂质触发器和脂质纳米盘等研究中。

作为生物膜功能的重要体现者，膜蛋白机理研究离不开MD模拟方法，并随着膜模型的不断优化而使用越来越广泛。1994年，Woolf和Roux报道了第一个跨膜肽革兰菌素A的MD模拟。这项开创性的工作为嵌入型通道类膜蛋白模型的建立铺平了道路，这类膜嵌入类蛋白在迄今为止进行的膜相关模拟报告中占有相当大的比例。目前绝大多数膜蛋白的MD模拟都是使用实验解析的高分辨率结构。在第一次报道磷脂双分子层MD模拟的1993年年底，PDB中只收录了5个种类的膜蛋白质结构，可用数量限制了膜蛋白的模拟研究。而截至2022年，PDB中已经报道了1000多种共6000多个膜蛋白结构，几乎每一种新解析的膜蛋白结构发表后都会紧跟着一项或多项基于该结构的模拟研究。目前MD模拟已经在诸如离子通道蛋白、水通道蛋白和GPCR蛋白等多种膜蛋白研究中得到应用。

钾离子通道是分布最广泛的离子通道类型，几乎存在于所有生物体中。根据跨膜拓扑结构，钾离子通道蛋白可分为4类。这些蛋白的共有特点是允许钾离子选择性地通过细胞膜，同时排除其他类似离子的通过。钾离子通道是细胞功能所必需的，特别是协助神经元信号转导，而钾离子通道的异常可导致包括心律失常、肌肉疾病、某些类型的糖尿病和癫痫等多种疾病。目前，这几类钾离子通道蛋白的结构和功能均得到不同程度的阐述，MD模拟在其中发挥了重要作用。2020年，Iksoo Chang等采用MD模拟的方法研究了pH诱导的电压门控钾通道Kv1.2低渗透性的结构和分子机理。使用GROMACS 5.0执行2 μs的MD模拟发现，在酸性条件下Kv1.2水空腔附近的E327和H418的质子化破坏了R326、E327和H418相互作用网络的稳定性，并最终诱导通道由开放到关闭的构象变化。钾离子通道除了转导钾离子外，还可作为药物靶点。同一年，有学者还以电压门控钾通道Kv7.2为靶点，研究了抗癫痫药物retigabine（RTG）类似物（RTG、RL648_81和RL648_81D）与Kv7.2蛋白的详细分子机制，采用同源建模、分子对接和MD模拟，研究数据表明，范德瓦耳斯相互作用、疏水相互作用、氢键、卤键和π-π堆积共同作用，以维持药物在Kv7.2结合口袋中的稳定性。RTG和RL648_81的氨基甲酸酯中的酰胺基和2-氨基苯基分子中的氨基被确定为关键的相互作用位点。这一研究为Kv7.2通道被RTG类似物调控的分子机制提供了理论见解。

水通道蛋白（AQP）是一种膜上的水通道，在控制细胞的水分含量方面起着关键作用。在人体内发现了十多种不同的水通道蛋白，一些疾病，如先天性白内障和肾源性尿崩症，都与这些通道的功能受损有关。AQP 在细胞膜上形成四聚体，促进水的运输，在某些情况下，还促进其他小溶质的跨膜运输（图 5-4）。近些年 MD 模拟在 AQP 的应用广泛。2018 年，Marzieh Alishahi 等分析了水在 AQP5 结构中的渗透和扩散，他们基于解析的 AQP5 晶体结构（PDB ID：3D9S），利用 NAMD 软件通过 MD 模拟发现，随着施加在溶剂上的压力增加，水的渗透性也随之增加。进一步分析发现，由于 AQP5 四聚体中心孔结构具有疏水性，即使在压力增加的情况下中心孔道依然没有水分子透过。最终确认水通透性增加的最主要原因是选择性过滤器（selectivity filter，SF）的最小半径增加，外加压力使其半径增加到 20%（从 1.25 Å 增加到 1.5 Å），这一研究加深了人们对水通道中水分子转运关键区域的理解。除了研究水分子的转运外，该研究者还对位于肺部的 AQP5 蛋白能否转导 CO_2 分子进行了探究。首先使用平衡 MD 模拟计算了 POPE 双分子层中的 CO_2 扩散系数，发现由于脂双层结构中存在空腔，CO_2 可通过该空腔进行脂膜扩散，而由于磷脂膜的疏水性，水分子无法穿透脂膜。随后使用了拉伸动力学（steered molecular dynamics，SMD）方法研究 CO_2 的扩散，SMD 可以建立压力诱导 CO_2 扩散模拟，也可以反映由于膜上的浓度梯度而产生的强制扩散的等效模型。研究者根据 SMD 模拟得到 CO_2 沿孔道的 PMF 能量分布图，发现 AQP5 的中心孔相对于四个单体内部孔径更容易被 CO_2 分子渗透。因此认为 AQP5 的疏水中心孔是 CO_2 分子渗透生物膜的潜在途径。

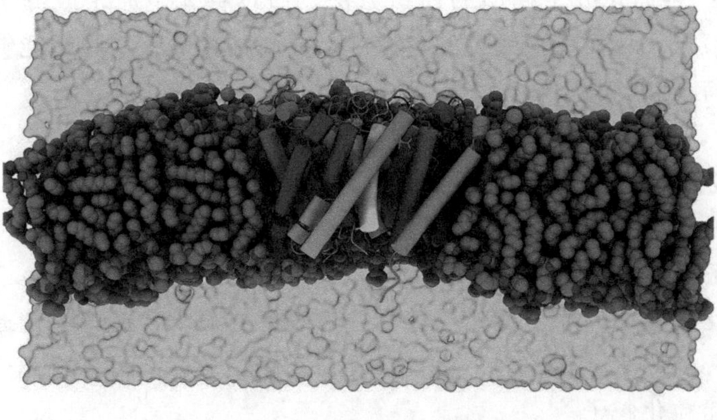

图 5-4　膜蛋白的计算模拟

MD 模拟同样用于研究 AQP2 蛋白孔道通透性。2021 年，Hooman Hadidi 等使用 MD 模拟研究了 AQP2 蛋白 SF 区域的门控机制。MD 模拟结果显示，SF 区域残基 H172 的侧链构象对孔道通透性至关重要。在 MD 模拟过程中 H172 侧链有两种构象，其中一种为窄通道构象，H172 可以和 SF 区域残基 C181 形成氢键，进而与门控孔道对面残基 R187 距离过近，SF 区域孔道狭窄。而在另一种宽通道构象下，H172 侧链远离 C181，相应地与 R187 的距离也较远，此时 SF 区域孔道较宽。进一步对 H172G 突变体进行模拟，当侧链消失后孔道始终处于宽构象，此时四种单体的渗透率值与野生型 AQP2 形成的宽通道渗透率值非常接近。通过计算四个 AQP2 单体 PMF 曲线发现，SF 区域在其窄构象下具有更大的水分子渗透能垒，明显阻碍水分子的运输。这一研究结果揭示了水通道蛋白不同单体的渗透率差异的原因。除了研究 AQP 自身通透性外，MD 模拟还用于研究抑制剂对 AQP 的影响。

Naeini 等利用分子对接和 MD 模拟方法探讨了假马齿苋皂苷Ⅰ和托拉塞米对 AQP1 的抑制作用。对接结果表明，托拉塞米在胞质一侧的对接能量低于假马齿苋皂苷Ⅰ。就对接结果而言，假马齿苋皂苷Ⅰ尺寸比托拉塞米大，可以更好地抑制通道。进一步的 MD 模拟结果表明，AQP1 与假马齿苋皂苷Ⅰ形成的氢键数量比托拉塞米多，氢键作用有助于维持假马齿苋皂苷Ⅰ构象稳定。而托拉塞米与蛋白间的氢键数量较少，参与结合的蛋白胞质区 loop 构象波动较大，托拉塞米构象相对不稳定，只能对孔道造成不完全抑制作用。而假马齿苋皂苷Ⅰ与通道的强相互作用会导致更彻底的抑制。

5.5 粗粒化计算模拟

粗粒化分子动力学模拟（coarse-grained molecular dynamics simulation，CG-MD）是一种简化分子模型的模拟方法，通过将几个原子或分子基团合并为一个粗粒化粒子，从而降低系统的自由度，提高计算效率，同时能够捕捉到分子系统的主要特征和动力学行为。

5.5.1 粗粒化模型的构建

（1）粒子表示

在粗粒化模型中，原子或分子被合并为较大的粒子，这些粒子通常代表一个分子片段或一组原子（图 5-5）。例如，在研究蛋白质时，可以将几个氨基酸残基合并为一个粗粒化粒子。

粗粒化粒子的性质通常是由其所代表的原子或分子的平均性质决定的。例如，粒子的质量、电荷和大小等参数可以通过对原始原子或分子的相应性质进行平均得到。

（2）相互作用势的确定

粗粒化模型中的相互作用势是描述粒子之间相互作用的函数。与全原子分子动力学模拟相比，粗粒化模型的相互作用势通常更为简单，但其仍然需要能够准

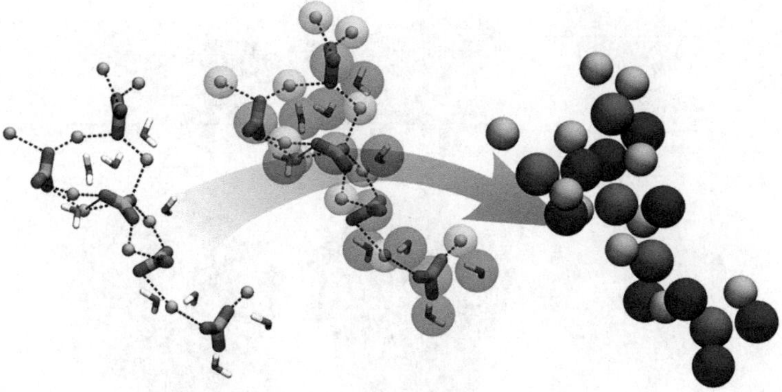

图 5-5 原子基团的粗粒化表示

确地描述系统的主要物理性质。

相互作用势的确定通常是通过实验数据拟合、理论推导或经验参数化等方法得到的。例如，可以根据蛋白质的折叠实验数据来确定粗粒化模型中蛋白质分子的相互作用势。

5.5.2 应用举例

机械敏感通道（mechanosensitive channel，MS）在细胞应对膜张力变化中起重要作用，特别是大电导机械敏感通道（mechanosensitive channel of large conductance，MscL）。然而，膜环境对 MscL 通道活性及其机制的影响尚不清楚。

本研究利用粗粒化计算模拟固体核磁共振（solid-state NMR，ssNMR）技术检测 MscL 在细胞膜中的动态，并探讨膜环境对 MscL 通道活性的影响（图 5-6）。该研究使用 Martini 粗粒化模型，该模型适用于生物分子系统的模拟，能够有效减少计算量同时保留生物分子的关键特性。

（1）系统构建

① 细胞膜系统：包含 800 个脂质分子（600 个 POPC、104 个 POPE、96 个 PVCL2），以及约 10580 个 CG 水分子，以模拟大肠杆菌膜的成分。

② 合成膜系统：包含 800 个脂质分子，其中 POPC 和 POPE 的比例为 4∶1，以及 11270 个 CG 水分子。

③ 初始结构：通过 CHARMM-GUI Web 服务器构建系统的初始结构，并经过能量最小化和一系列平衡步骤。

（2）模拟参数与过程

① 模拟参数：使用 V-rescale 恒温器在 300 K 下控制温度和压力，无膜张力的生产运行持续 30 μs，膜张力施加后维持 5 μs。

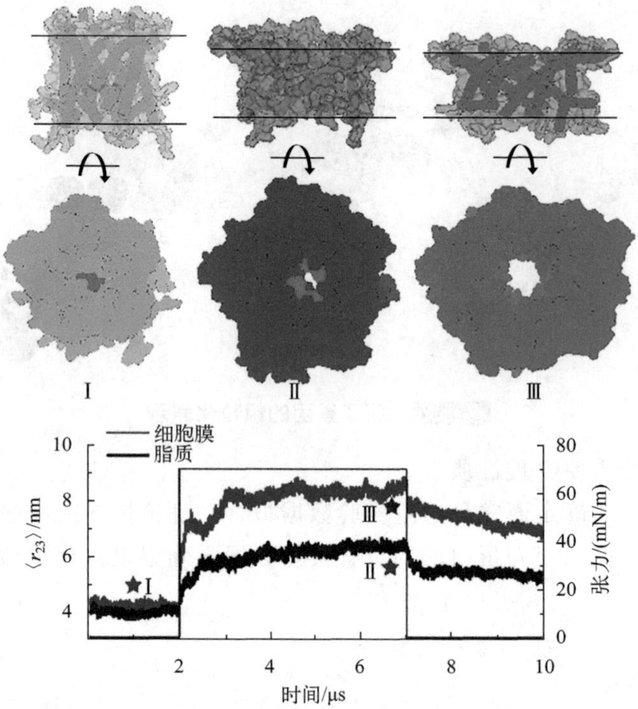

图 5-6 利用粗粒化模拟研究 MscL 蛋白结构变化动态过程

② 膜张力施加：通过连续短时间的模拟逐渐增加膜张力至 70mN/m，这一张力值被证明能够诱导 MscL 通道的开放。

(3) 模拟结果与分析

① 通道开放状态：通过计算残基 F23 处的孔半径来评估 MscL 的开放状态。结果显示，在细胞膜系统中，MscL 的开放幅度显著大于在合成膜系统中。

② 蛋白质-脂质相互作用：分析了不同脂质与 MscL 残基的相互作用时间，发现虽然不存在特定的高亲和力结合，但动态活跃的 MscL 与脂质的相互作用更稳定，表明慢集体运动促进了蛋白与膜脂质的相互作用。

③ 慢集体运动的重要性：通过限制 MscL 跨膜 α-螺旋的内部运动，发现通道开放幅度显著减小，进一步验证了慢集体运动对 MscL 通道活性的重要性。

本研究通过结合 ssNMR 实验和粗粒化计算模拟，揭示了 MscL 在细胞膜中的慢集体运动对其通道活性的影响。细胞膜环境通过促进 MscL 的慢集体运动，增强了其与膜脂质的相互作用，从而提高了通道的活性。这一发现为理解膜蛋白在生理环境中的功能机制提供了新的视角。

参考文献

[1] Tan H, Duan M, Xie H, et al. Fast collective motions of backbone in transmembrane α helices are critical to water transfer of aquaporin[J]. Sci Adv, 2024, 10(19):15.

[2] Tan H, Zhao W, Duan M, et al. Native cellular membranes facilitate channel activity of mscL by enhancing slow collective motions of its transmembrane helices[J]. JACS, 2024, 146 (46):31472-31485.

[3] Bottaro S, Lindorff-Larsen K. Biophysical experiments and biomolecular simulations: A perfect match? [J]. Science, 2018, 361:355-360.

第六章

蛋白质计算设计

6.1 引言

蛋白质设计作为一个多学科交叉的研究领域，涉及计算生物学、结构生物学、分子生物学及人工智能等多个方面。其理论基础可追溯至 Christian Anfinsen 提出的“Anfinsen 假说”——蛋白质的氨基酸序列自发折叠形成具有特定功能的三维结构。历经半个世纪的发展，蛋白质设计领域已经发展出三大类技术方法：基于结构生物学的逆向折叠合理设计、结合进化原理的定向筛选优化，以及近年来兴起的深度学习驱动的生成式设计。从工业酶分子机器的精准改造到人工抗原的智能设计，从动态响应型生物材料到纳米级分子诊疗系统，蛋白质设计正在从基础研究走向实际应用。

理性设计和定向进化是蛋白质设计早期的方法。蛋白质理性设计是通过精准调控氨基酸序列实现功能定制的技术，其本质是解析“序列-结构-功能”的深层关联规律。早期的理性设计工作主要集中在理解和预测蛋白质的折叠过程以及其稳定性。而定向进化技术通过在蛋白质序列中引入突变并且筛选出具有理想功能的突变体，通过合理突变或定向进化来获得改进的或者新的功能。

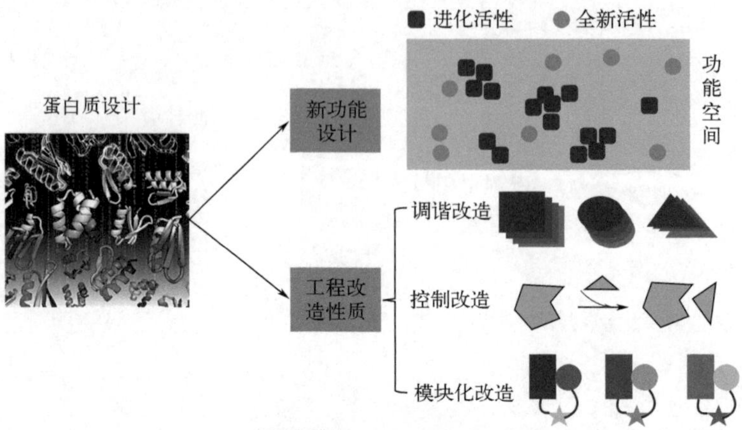

图 6-1 蛋白质设计

当前，伴随人工智能技术的飞速发展，深度学习驱动蛋白质全新从头设计也处于爆发期。以 2024 年 David Baker 获得诺贝尔化学奖为标志，人类不仅能够重新设计自然界的蛋白质，更开始构建具有非天然拓扑结构、动态响应特性甚至逻辑运算功能的全新蛋白质系统（图 6-1），意味着生命科学从“观察自然”向“创造生命元件”的跃迁。本章将系统解析蛋白质设计的方法论演变，揭示其背后“序列-结构-功能”的调控密码，为理解这一改变未来生物技术版图的前沿领域奠定基础。

6.2 蛋白质设计发展历程

蛋白质设计的研究经历了从基础理论到计算方法，再到实验验证和应用的逐步发展。刚开始的研究主要是关注蛋白质结构与功能的关系，20 世纪 60 年代，Pauling 和 Corey 等人提出了蛋白质的基本二级结构元件（如 α-螺旋和 β-折叠）组成，这为后来的蛋白质设计理论奠定了基础。他们基于对氨基酸及简单肽类晶体结构的精确测定（如 C—N 键长 1.32 Å 反映的肽键平面性），提出多肽链的稳定构型需满足残基等效性及氢键网络优化。这一工作不仅首次将量子化学理论应用于生物大分子，确立了肽键平面性与氢键定向性在构象稳定性中的核心作用，更直接启发了后续 DNA 双螺旋的发现及蛋白质晶体学的发展，Pauling 因此获得 1954 年诺贝尔化学奖。

进入 20 世纪 80 年代，Anfinsen 提出了著名的“蛋白质折叠原则”，其指出蛋白质的氨基酸序列决定了其折叠的三维结构，为计算蛋白质设计提供了理论依据。同一时期，人们利用基于物理化学原理的计算方法设计稳定的 α-螺旋蛋白。为了解决蛋白质的氨基酸序列如何决定其三维结构的问题，人们通过对模型蛋白的从头设计，构建比天然蛋白质更简单的模型蛋白质，保留核心结构特征。通过设计一种四螺旋束蛋白，将这个设计蛋白的编码合成基因在大肠杆菌（*Escherichia coli*）中表达并纯化得到均一性蛋白。同时证明该蛋白具有高度螺旋化结构，并对盐酸胍变性表现出极强的稳定性。由此可见，通过设计可以获得一种在水溶液中能够形成稳定折叠结构的球状蛋白。

20 世纪 90 年代，随着计算技术的发展，研究基于能量计算的从头设计方法开始快速发展，尤其是 Rosetta 等方法的出现，使得计算预测和设计蛋白质结构逐渐变得可行。21 世纪初期 Rosetta 平台被用于从头设计新型蛋白质结构，并在实验中验证了这些设计的可行性。在此基础上人们成功地设计了兆道尔顿级别的二十面体蛋白质复合物，这表明已经拥有设计大型复杂蛋白质结构的能力。近些年，蛋白质设计逐步与人工智能深度学习结合，使得蛋白质设计得到爆发式提升。随着蛋白质设计的深入研究，蛋白质设计渐渐开始应用到构建新型生物材料和纳米器件，以及合成生物学和生物催化领域等。

蛋白质计算设计是利用计算机模拟和算法来预测和优化蛋白质的结构与功能，从而实现对蛋白质的人工设计与控制，其核心在于从目标功能逆推序列与结构。蛋白质计算设计为给定的设计目标在计算机中生成并评估许多不同序列的全原子模型。主链的生成是固定或灵活的，可以通过已知结构（如天然蛋白质），也可以通过片段或者参数化的方式生成。然后使用探索和测试不同旋转异构体状态的算法添加侧链。进而再通过简化力场评估范德瓦耳斯力、氢键、静电作用等能量项，对模型进行评分和筛选。早期是通过研究同源建模、折叠识别和从头预测，来预测目标蛋白质的三维结构。并且通过探索最小化多肽能量的计算方法来预测蛋白质构象，为后来的能量最小化和分子动力学模拟奠定了基础。伴随着计算能力的不断提升，越来越多的研究开始尝试基于物理学的模型来优化蛋白质设计。通过计算进行蛋白质设计，不但可以提供理论基础和设计思路，减少实验的需求和成本，还能为生物技术和医学领域带来新的突破。它通过结合计算模拟和实验验证，加速了蛋白质工程的进程，并为解决各种科学和工程问题提供了新的途径。

6.3 蛋白质理性设计

蛋白质理性设计是基于对蛋白质结构和功能的理解，通过计算机模拟和生物化学技术，对蛋白质进行有目的的改造和设计，以实现特定的功能或性质优化。

6.3.1 基本概念

蛋白质理性设计旨在通过对蛋白质的氨基酸序列、三维结构和功能之间关系的认识，运用合理的设计策略和计算方法，有针对性地对蛋白质进行改造或从头设计，使其获得期望的特性，如提高酶的催化活性、改变底物特异性、增强蛋白质的稳定性、赋予蛋白质新的功能等。这种设计方法区别于传统的随机突变和筛选方法，它是基于对蛋白质结构与功能的理性认识，更加具有目标性和可控性。

6.3.2 方法原理

（1）获得蛋白质结构

首先需要解析蛋白质的三维结构，可以通过X射线晶体学、核磁共振等实验技术来实现。然后，根据蛋白质的结构信息，分析其活性位点、底物结合部位、关键结构域等与功能密切相关的区域。在此基础上，通过定点突变等技术对特定氨基酸残基进行替换、插入或缺失，以改变蛋白质的局部结构和性质，从而实现对其功能的调控。例如，如果发现某个氨基酸残基位于酶的活性中心，且对底物的结合具有关键作用，可以通过突变该残基来改变酶对底物的亲和力或特异性。

（2）利用计算机进行辅助设计

利用计算机软件和算法，对蛋白质的结构和功能进行模拟和分析。常见的方法包括分子力学、分子动力学和量子力学等。通过这些方法，可以预测蛋白质在不同条件下的结构变化，计算蛋白质与底物或其他分子之间的相互作用能，评估氨基酸突变对蛋白质稳定性和功能的影响等。例如，使用分子动力学模拟可以观察蛋白质在溶液中的动态行为，了解其构象变化规律，为设计能够稳定特定功能构象的突变提供依据。此外，还可以利用计算机辅助设计软件进行蛋白质的从头设计，即根据目标功能和结构要求，设计全新的氨基酸序列和三维结构。

6.4 蛋白质定向进化

定向进化是一种模拟自然进化过程的蛋白质工程技术，它通过在蛋白质基因中引入随机突变，然后筛选具有特定功能的突变体来改进或改变蛋白质的特性。与理性设计不同，定向进化不需要预先了解蛋白质结构与功能之间的详细关系，它依赖于强大的筛选或选择系统，从大量的突变体中找到“适者生存”的蛋白质变体。

6.4.1 定向进化方法介绍

定向进化技术依赖于实验筛选来“进化”出理想的蛋白质序列，其核心是通过定向突变或随机突变，对特定蛋白质的序列进行优化。设计者可以通过实验筛选出有助于稳定蛋白质结构或增强功能的序列突变体。定向进化不依赖于精确的结构预测或能量计算，而是通过多轮实验筛选生成突变体，并利用自然选择原理来选择功能最强的蛋白质。该方法通常用于提高蛋白质的催化效率、稳定性、底物特异性或其他特定生物学功能。该方法一般包含以下几个步骤。

（1）基因突变

通过各种方法使蛋白质编码基因产生突变，以增加基因和蛋白质的多样性。常见的方法有易错 PCR，在 PCR 反应中，通过调整反应条件，如改变 Mg^{2+} 浓度、使用低保真度的 DNA 聚合酶等，使 DNA 复制过程中引入错误，从而产生随机突变。另一种方法是 DNA 改组，它是将来源不同但功能相关的基因片段混合，经过酶切、重新组装等过程，实现基因片段之间的交换和重组，产生新的基因组合。

（2）文库构建

将突变后的基因导入宿主细胞（如大肠杆菌、酵母菌等）中，形成一个包含大量不同基因突变体的文库。每个宿主细胞携带一种独特的突变基因，表达出相应的突变蛋白质。文库的规模越大，包含的基因突变类型就越丰富，就越有可能筛选到具有理想特性的蛋白质突变体。

（3）筛选与选择

设计合适的筛选或选择方法，从文库中筛选出具有期望功能的蛋白质突变体。筛选方法通常基于蛋白质的特定功能，如酶的催化活性、抗体的结合能力等。例如，对于酶的定向进化，可以通过在培养基中添加特定的底物，使具有更高催化活性的酶突变体能够更好地利用底物，从而在生长或代谢过程中表现出优势，进而被筛选出来。选择方法则是施加一定的选择压力，只有满足特定条件的突变体才能存活或生长。如在抗生素存在的条件下，选择具有更高抗生素抗性的蛋白质突变体。

6.4.2 应用举例

定向进化是体外模拟自然进化过程，创造具有新功能或改进功能的蛋白质的有效策略。以 T7 RNA 聚合酶的定向进化为例，介绍定向进化的过程。在该工作中，研究人员希望开发一种新型单一元件介导的基因组原位靶向连续进化工具，利用 T7 RNA 聚合酶特异性识别 T7 启动子的性质，通过定向进化使其获得合成单链 DNA 文库的能力，并实现靶向高效突变。

（1）实验过程

① 设计定向进化文库：针对 T7 RNA 聚合酶不同的结构域以及热点区域，研究人员设计了定向进化文库。通过筛选和进化，获得了可以达到 1%重组效率的 T7 RNA 聚合酶突变体 TM10。

② 理性设计错配突变体：根据 T7 RNA 聚合酶在延伸过程中的底物选择机制，进一步理性设计了错配 T7 RNA 聚合酶突变体 EM8。这个突变体的突变率达到 6.5×10^{-7}（s. p. b.），为基因组突变率的 2800 倍。最终将该工具命名为 T7ACE。

（2）应用与验证

① 在大肠杆菌中的应用：研究人员利用 T7ACE 对大肠杆菌基因组上的四环素外排泵基因（*tetK*）、木糖代谢的 4 个关键基因的启动子、RBS 以及 N-端编码序列进行连续进化，成功获得了抗性改变和木糖利用效率提高的菌株，证明了 T7ACE 在长基因片段以及多基因多位点连续进化方面的高效性。

② 在酿酒酵母中的应用：研究人员还将 T7ACE 应用到模式真核微生物酿酒酵母中，进一步证明了 T7ACE 连续进化工具具有通用性高、普适性强的特点。

通过对 T7 RNA 聚合酶的定向进化设计，成功开发出了 T7ACE 这一新型基因组原位靶向连续进化工具，为合成生物学研究提供了有力的技术支持，在细胞工厂的改造等方面具有重要的应用价值。

6.5 蛋白质从头设计

蛋白质完全从头设计展现出独特的创新潜力，其核心优势体现在两方面：首先，该方法能够突破自然进化限制，创造出具有全新功能的蛋白质分子——这些功能在现有生物体系中不存在相应进化起点。其次，工程设计原则可在蛋白质构建之初即系统性整合，实现传统改造方法难以达到的精准调控。具体而言，这类蛋白质具有以下优点：①可调，便于通过精确调整生化特性定制不同性能版本；②可控，其功能可感知内外环境刺激并作出可控反馈；③模块化架构，支持将多样化功能单元有序组装为复合分子机器。这种基于底层原理的设计，为构建超越自然进化路径的智能生物系统开辟了新方向。

6.5.1 基于序列的蛋白质设计

蛋白质设计本质为一个优化问题，即给定所需的结构（和功能），预测稳定采用该结构（并具有该功能）的最佳序列（图 6-2）。这里介绍的从头设计不是从自然存在的蛋白质开始，而是旨在将蛋白质结构、序列和功能的空间扩展到自然界之外。

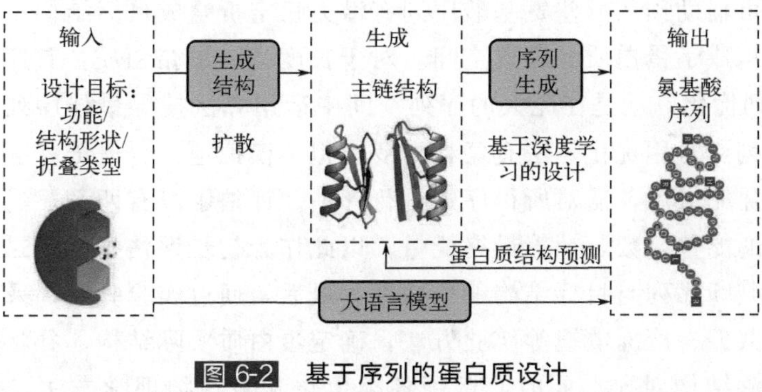

图 6-2 基于序列的蛋白质设计

该方法面临的关键挑战在于，潜在的新序列和结构所处的空间极为庞大，而其中能够折叠成功能性蛋白质的序列不仅稀少且难以获得。以一个含有 100 个残基的小蛋白为例，当考虑 20 种天然存在的氨基酸类型时，可能的序列组合数量

高达 20^{100} 种。这个数字比宇宙中估计的原子总数还要多，从而使得尝试（即所谓的采样）所有序列及其可能的结构变得完全不可能。因此，需要高效的搜索算法来探索这一巨大的可能性空间。不过，从另一个角度来讲，巨量的序列也为人们提供了设计具有特定结构和功能全新序列的可能。

功能性蛋白质在所有可能序列中极为稀少，因此我们需要快速方法，借由计算“分数”来区分成功与失败的蛋白质序列。用于打分的式子被称为能量函数，它是用于评估蛋白质序列能量的数学函数，其可以把蛋白质能量与三维结构关联起来。一般来说，能量越低，结构就越稳定。多数设计方法采用经验性或基于物理的能量函数，通过考量原子堆积、氢键、静电作用以及溶剂化项，来估算蛋白质稳定性。关键挑战是平衡计算精度与速度，这就不得不做出一些近似处理。有几种复杂且经过充分验证的原子模拟方法，它们将分子动力学与基于物理的能量函数，甚至量子力学计算相结合。然而，评估每个候选设计时，需要比常规使用这些方法更快，否则即便通过计算也很难找到可行方案。

（1）基于序列的蛋白质设计步骤

基于序列设计蛋白质时，第一步是确定目标蛋白质的三维结构，既可以是已知的天然蛋白质结构，也可以是经计算预测，甚至从头设计出的全新结构。紧接着，构建能量函数，这一步在整个设计流程中至关重要。构建时，需要全面考量蛋白质内部以及外部的相互作用力，比如范德瓦耳斯力、氢键、疏水效应、溶剂效应等。常见的能量函数模型有广为人知的 Rosetta 能量函数，以及经典的分子动力学模拟工具——AMBER 能量函数。

选定合适的能量函数后，便要构建初始序列。初始序列构建方式有两种，一是随机生成，二是选用与目标结构相似的蛋白质序列。好的初始序列能加快后续优化进程。随后，依据选定的能量函数开展序列优化工作。这些能量函数结合统计学分析，可辅助预测哪些氨基酸序列有潜力稳定折叠成目标结构。所有可能的氨基酸序列构成了蛋白质的序列空间，对于长度为 n 的蛋白质，其序列空间大小为 20^n。序列优化，就是在庞大的序列空间中运用算法搜寻最佳序列，即找到能量最低的序列。常用优化算法有蒙特卡罗模拟、模拟退火、遗传算法等。

序列优化完成后，需对所得序列进行评估。评估手段有两种，一是运用与序列优化相同的能量函数，计算最终能量，以此作为初步评估指标；二是借助结构预测工具，判断序列与目标结构的相似度。最后，通过实验验证，采用 X 射线晶体学、核磁共振、冷冻电镜等实验方法，确定蛋白质实际结构，并将其与目标结构、计算预测结构对比。同时，运用各类生化和生物物理学方法，如酶活性测定、结合实验、细胞实验等，评估蛋白质功能。

（2）利用原子建模进行序列优化

鉴于采样和评分面临的挑战，为让蛋白质设计更易操作，多数设计方法进行了关键的概念简化，将设计问题拆分为两步：第一步构建蛋白质结构骨架（不涉及具体序列），第二步依据既定骨架产生序列。第二步也称为固定骨架设计，该问题在20世纪就有相关的探索。1997年，人们首次对自然界中一种含28个残基的锌指蛋白骨架结构进行了计算重设计。该设计运用了对氨基酸侧链不同构象和残基类型的离散采样、基于物理模型的评分函数，以及用于确定全局最小能量序列的确定性优化算法。

之后，人们也通过计算设计出自然界中未发现的蛋白质折叠结构Top7。设计过程借助建模程序Rosetta，先构建新的蛋白质骨架，然后进行给定固定骨架的序列设计，以及给定固定序列的骨架最小化的迭代循环。Top7的例子体现了一个关键概念：在计算过程中蛋白质骨架并非一成不变。在设计中更改序列或蛋白质发挥功能时，骨架通常会有细微变化。考虑到设计过程中的骨架灵活性，已开发出多种骨架结构调整方法，包括在设计中对微小的骨架调整进行采样和预先生成骨架集合，再对序列进行设计和评分。

（3）利用原子建模产生结构

如前所述，许多蛋白质设计方法均需要蛋白质骨架作为输入。这一要求引发了两个问题。其一，需要一种能够生成新蛋白质骨架构象的方法。其二，需要评估这些骨架是否具有"可设计性"，即至少存在一个能稳定折叠成该结构的序列。满足可设计性标准的最直接方法是从自然界已有的蛋白质骨架构象入手，并将其重新应用于新功能。实际上，这种方法在诸多情形下都取得了成功。比如，人们已开发出计算设计方法，用于重新设计改变底物特异性的酶，以及用于正交信号转导的蛋白质-蛋白质界面。然而，利用计算方法来设计看似简单的特异性变化，可能极具挑战性。一个主要原因在于起始骨架构象带来的限制。例如，单纯用极性侧链替换疏水性基团，以与极性更强的底物相互作用，可能无法将极性官能团精准地置于正确的几何形状中，从而难以实现与新底物的最佳氢键结合，即便几何形状仅有微小偏差，也会对功能产生负面影响。

6.5.2 基于结构的蛋白质设计

基于结构的蛋白质设计是一种以蛋白质三维构象为核心指导的理性工程策略。其核心优势在于将物理化学原理与计算方法结合，在维持结构稳定性的基础上，通过定向修饰氢键网络、疏水堆积及变构调控位点，实现蛋白质功能的模块化设计与精确调控。目前该技术已成功应用于开发高活性工业酶、靶向性生物药物及人工合成生物元件。

（1）蛋白质折叠新类型设计

这里介绍探索新的折叠结构的方法，并设计可实现蛋白质功能的用户自定义形状（图 6-3）。

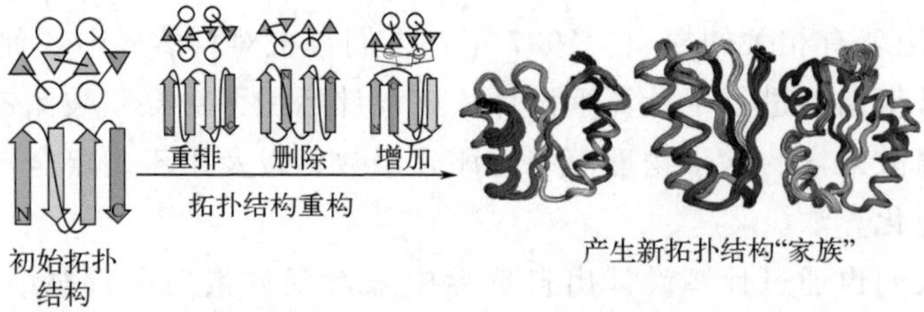

图 6-3　基于结构拓扑的蛋白质设计

尽管天然存在的蛋白质所涵盖的蛋白质拓扑结构或折叠类型数量有限，但早期的设计成果表明，借助计算方法能够生成自然界中未曾出现的稳定新拓扑结构。将这一理念推广至对 α-螺旋卷曲螺旋的系统性探索，促使了新型架构的设计，并催生了利用这些架构实现多样功能的相关原理。基于人工智能的蛋白质计算设计领域，近期取得的进展从理论上使得系统绘制蛋白质折叠空间图谱成为可能。为此，人们正在研发新的骨架生成方法，例如 GENESIS 方法，该方法可用于产生类似于宇宙学中“暗物质”的新型折叠类型。最终，更为系统的蛋白质折叠空间图谱将能够更精准地量化可设计性原则，进而提升蛋白质设计速度与准确性。

（2）精确控制蛋白质几何形状

大自然不会为每种新的蛋白质功能创造全新的蛋白质折叠。相反，它通过改变功能位点的精细几何形状，以及调整相关的蛋白质动力学，将现有的蛋白质折叠进行定制和优化，以适配新功能。因此，若要设计出具有生物学实用活性与所需精度的生物功能，计算设计需能够精准控制折叠形状、功能位点的几何形状及动力学。在控制蛋白质折叠的整体粗粒度变化方面，已取得显著进展。近年来一些新发展的方法能对蛋白质的精确几何形状（包括给定折叠拓扑结构中，次级结构元件的长度、方向等特征变化）进行精细调控，从而优化功能位点中原子层面相互作用的细节。

前文描述的蓝图结构生成方法，通常会产生目标折叠拓扑的理想化版本。虽然能设计出数千个稳定变体，但它们往往极为相似。为此，人们开发了多种方法系统地对几何特征进行采样。鉴于很大一部分进化变异涉及螺旋结构元件定位的多样性，环-螺旋-环组合采样方法可通过系统改变螺旋的位置、方向和长度，生成具有可调几何形状的合成折叠家族。多个实验测定的结构显示，具有相同折叠拓扑的从头设计蛋白质，在几何形状上能呈现出显著差异，这充分证明了基于结构设计良好的扩展性。

（3）基于蓝图的蛋白质复杂机器设计

通过螺旋融合以及构建可控寡聚组装体来形成更大蛋白质结构的能力，为设计具有任意形状的复杂结构开拓了新路径（图 6-4）。比如说，这些形状能够作为分子机器和发动机的组件（像转子和轴），而这类组件要实现运动（绕轴旋转）就需打破对称性。最近研究人员设计出了多种基于合成蛋白质的转子和轴组件，并将它们组装成了原型蛋白质纳米机器。

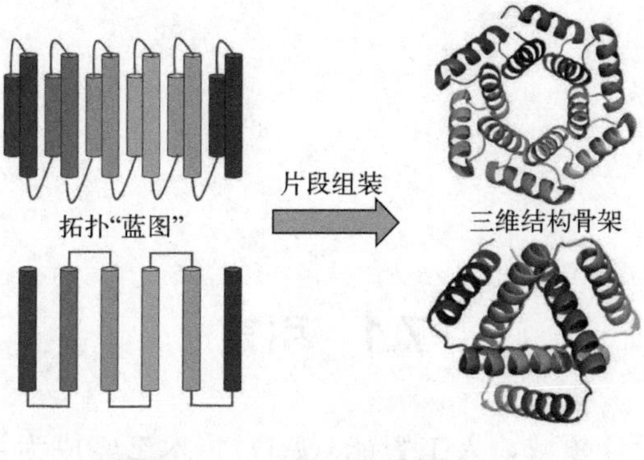

图 6-4 基于蓝图的蛋白质设计

参考文献

[1] Khakzad H，Igashov I，Schneuing A，et al. A new age in protein design empowered by deep learning[J]. Cell Syst，2023，14:925-940.

[2] Kuhlman B，Dantas G，Ireton G C，et al. Design of a novel globular protein fold with atomic-level accuracy[J]. Science，2003，302:1364-1370.

[3] Pan X，Kortemme T. Recent advances in de novo protein design: Principles，methods，and applications[J]. J Biol Chem，2021，296:100558-100574.

第七章
人工智能蛋白质设计

7.1 引言

在蛋白质从头设计领域，人工智能（AI）技术已经成为主流的解决路线和方法，极大推动了这一领域的前进和飞跃。近年来，深度学习在预测蛋白质结构准确性方面取得突破性进展，不仅为蛋白质设计这一问题带来了深刻变革，还从根本上改变了对从头设计的传统认知。

经典的蛋白质设计方法通常遵循特定的步骤。首先，在原子尺度上定义蛋白质的骨架结构，这一步就如同搭建建筑的框架，是后续工作的基础。随后，需要寻找与该骨架结构相匹配的氨基酸序列，使二者相互契合，共同构成完整的蛋白质架构。在设计具有特定功能的蛋白质时，需要明确活性位点的结构及原子位置，并将活性位点融入设计好的蛋白质骨架中。然而，设计具有特定功能蛋白质面临巨大的挑战。关键点之一是所设计的蛋白质必须以极高的精度保持所需功能位点的结构。即使是微小的位置偏差，都有可能导致设计失败。细小的结构差别将改变氢键等残基间相互作用，并足以破坏蛋白质的正常功能。此外，特定的构象动力学及其变化的时间尺度也是极为重要的功能决定性因素。

与传统方法形成对比的是，基于深度学习的生成方法为蛋白质设计开辟了全新的路径。从理论上讲，这种方法提供了同时设计蛋白质序列、结构和功能的可能性。蛋白质的结构、序列和功能并非孤立存在，而是紧密交织、相互关联的。深度学习算法能够通过对大规模数据的学习，捕捉到这些要素之间复杂的内在联系，从而打破传统设计方法的局限。

根据任务的难易程度，可以将当前人工智能蛋白质设计分为以下几类（图 7-1）。

① 基于骨架的设计：在已知蛋白质结构框架的情况下（例如桶状结构），构建出在几何形态上呈现多样化的实例（比如不同尺寸大小的桶状结构）。

② 基于功能位点的设计：在已知蛋白质功能位点中关键原子位置的情况下，不指定最适配该功能的蛋白质折叠方式或结构骨架，围绕此功能位点构建出完整

的蛋白质。

③ 从头设计位点：在仅知道蛋白质具体功能情况下，借助深度学习模型生成相应的功能位点，以及包含该位点的蛋白质序列与结构模型。

④ 基于功能描述的设计：直接以人类语言指令的方式，让计算机设计出具备特定功能的蛋白质。

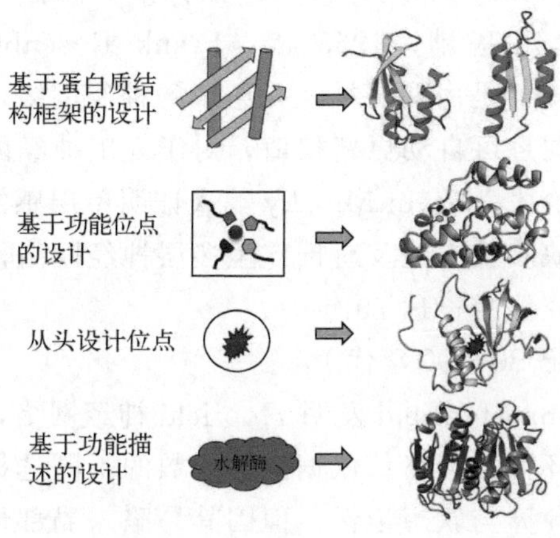

图 7-1　蛋白质设计的问题和挑战

本章将首先简单介绍深度学习的发展和历史，以及一些常用的深度学习模型，最后将介绍深度学习方法在蛋白质设计中的原理和应用。

7.2 人工智能发展历史

自 20 世纪 40 年代诞生以来，人工智能的发展历经多个重要阶段（图 7-2）。

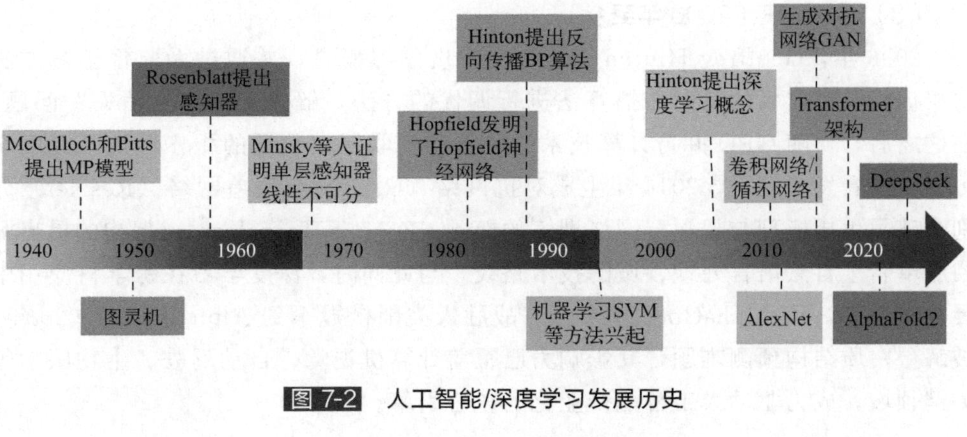

图 7-2　人工智能/深度学习发展历史

（1）起源阶段（20 世纪 40～60 年代）

1943 年，美国心理学家 McCulloch 和数学家 Pitts 提出了阈值加权和模型（MP 模型），该模型模仿神经元结构与工作原理构建基于神经网络的数学模型，本质是对人类大脑神经元的模拟，为人工神经网络发展筑牢根基，开启研究崭新时代；之后，在 1949 年海布学习规则提出，效仿人类认知世界过程构建“网络模型”，通过对训练集大量训练提取统计特征并依样本相似程度分类，为后续神经网络学习算法发展奠定基础；1958 年，Frank Rosenblatt 提出感知器（perceptron）的概念，感知器是由两层神经元组成的神经网络，其作为线性模型能对输入训练集数据二分类且可自动更新权值，对于人工神经网络的发展具有里程碑意义；然而，在这个阶段 Marvin Minsky 等人证明单层感知器无法解决线性不可分问题。因这一致命缺陷及未能及时推广至多层神经网络，人工神经网络进入第一个寒冬期，相关研究停滞长达 20 年。

（2）发展阶段（20 世纪 80～90 年代）

1982 年，物理学家 John Hopfield 发明 Hopfield 神经网络，该网络融合存储系统与二元系统，属于循环神经网络。依据激活函数的不同选择，存在连续型和离散型，分别应用于优化计算与联想记忆。但因其易陷入局部最小值的缺陷，当时未引起广泛关注。1986 年，深度学习之父 Geoffrey Hinton 提出适用于多层感知器的反向传播算法（BP 算法）。该算法在传统神经网络正向传播的基础上，增添误差反向传播过程，不断调整神经元间的权值和阈值，成功攻克非线性分类问题，使得人工神经网络再度成为焦点。之后结合 BP 算法的卷积神经网络被提出，在手写数字识别领域取得极大成功。然而，受限于当时计算机的硬件水平，神经网络的规模发展遭遇阻碍。20 世纪 90 年代中期，以支持向量机（SVM）为代表的其他浅层机器学习算法相继出现，在分类、回归等问题上表现出色，且其原理与神经网络模型存在明显差异，导致人工神经网络的发展再次陷入瓶颈期。

（3）爆发阶段（2006 年至今）

2006 年，Geoffrey Hinton 正式提出深度学习概念，并通过无监督学习方法逐层训练及有监督的反向传播算法进行调优的方法，解决了“梯度消失”问题。在这之后，伴随 GPU 并行计算技术的成熟和互联网大数据的积累促进了深度学习领域的爆发式发展。2014 年生成对抗网络（GAN）与残差网络（ResNet）分别突破了生成模型与超深层网络训练的瓶颈。2017 年 Transformer 架构的提出则彻底革新了自然语言处理领域的技术路线。与此同时，深度学习在跨学科应用中屡创里程碑，从 AlphaGo（2016 年）战胜人类围棋冠军到 AlphaFold（2020 年）破解蛋白质结构预测难题，其影响力已覆盖计算机视觉、自动驾驶、生物医学等关键领域，成为驱动人工智能产业化的核心引擎。

7.2.1 神经网络与深度学习

（1）神经网络

神经网络（neural network，NN）是一种模拟人脑神经元连接方式的计算模型，由多个互连的节点（神经元）组成，这些节点通过加权连接进行信息传递和处理。神经网络通过学习输入数据与输出之间的复杂关系，实现模式识别、预测和决策等功能。一般而言，神经网络具备以下结构化组成部分。

① 输入层：作为神经网络与外部数据交互的初始环节，输入层承担着接收各类形式数据的重要职责。这些数据来源丰富多样，涵盖图像的像素值、文本的词向量、音频的频谱特征等。以图像识别任务为例，输入层所接收的便是由像素值构成的矩阵。通过这一输入过程，外部数据得以进入神经网络的处理体系。

② 隐藏层：隐藏层处于输入层与输出层之间，其结构具有灵活性，可包含一层或多层。隐藏层中的神经元扮演着关键的数据处理与特征提取角色。每个隐藏层神经元以上一层神经元的输出作为输入，运用加权求和与激活函数运算，将处理后的结果传递至下一层。在这一过程中，隐藏层逐步挖掘和提炼输入数据的深层次特征，对最终的输出结果产生决定性影响。这是神经网络实现复杂功能的核心环节之一。

③ 输出层：作为神经网络处理流程的终点，输出层的输出结果直接关联着对输入数据的预测或分类判断。输出层神经元数量依据具体任务特性而定。在二分类问题中，输出层通常仅配备一个神经元，其输出值代表输入数据归属于某一类别的概率；在多分类问题场景下，输出层神经元数量与类别数量保持一致，每个神经元的输出值分别对应输入数据属于相应类别的概率。通过输出层的结果呈现，神经网络完成了从输入数据到最终决策的完整映射过程。

④ 神经元：作为神经网络的基本处理单元，其内部结构蕴含着独特的运行机制。每个神经元都关联着特定的权重与阈值。神经元在工作时，接收来自其他神经元传递的输入信号，这些输入信号与对应的连接权重逐一相乘后进行求和运算。若求和结果超过神经元自身设定的阈值，该神经元便会被激活，进而将经过处理的信号传递至下一层神经元。整个过程从输入层起始，按照顺序依次流经各个隐藏层，最终抵达输出层，由此构建起一个完整的前向传播流程。在神经网络的训练阶段，反向传播算法发挥着关键作用，通过不断调整神经元之间的连接权重，逐步缩小预测结果与实际结果之间的误差，从而提升神经网络准确性与性能表现。

⑤ 前馈神经网络：前馈神经网络，又常被称作多层感知器（MLP），其架构由一个输入层、一个或多个隐藏层以及一个输出层共同构成（图 7-3）。在实际应用中，大量数据被输入此类模型中用于训练学习。前馈神经网络是计算机视觉、

自然语言处理等众多领域以及其他复杂神经网络模型的重要基础架构，在推动人工智能技术广泛应用与深入发展发挥着不可替代的作用。

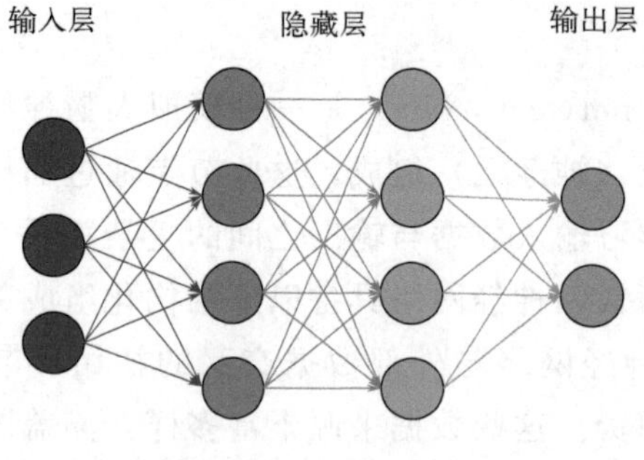

图 7-3　神经网络的一般架构

(2) 深度学习

深度学习（deep learning，DL）作为神经网络领域的重要分支，以其独特的深度神经网络结构展现出卓越的性能与应用潜力。其核心特征在于运用由多层非线性变换单元构建而成的深度神经网络架构，这种架构赋予了深度学习自动提取数据中高层次特征、学习更为抽象数据表示的强大能力。深度学习的基础架构源自人工神经网络，是对传统神经网络在深度与复杂性上的拓展与深化（图 7-4）。一般而言，当一个神经网络的层数较为可观（通常认为深度超过 8 层）时，便可以将其归类为深度学习模型。

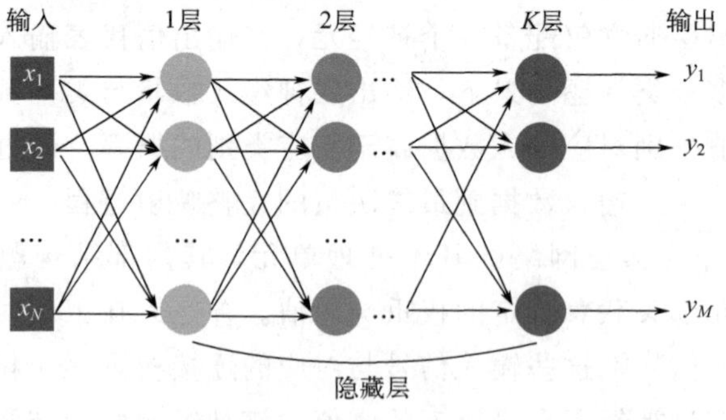

图 7-4　深度学习网络

深度学习具备以下显著的技术特点：

① 强大的特征学习能力：深度学习的一大突出优势在于能够自动从数据中学习特征，摆脱了对人工精心设计特征的依赖。通过对低层特征进行逐步组合与抽象，深度学习模型能够构建出更为复杂、抽象的高层特征，从而实现对数据分布式特征表示的有效挖掘。以图像识别领域为例，深度学习模型能够自主学习图像中的边缘、纹理、形状等底层特征，并进一步将这些底层特征有机整合，形成

诸如猫的轮廓、狗的外形等更具代表性的高层次物体特征，极大地提升了对图像内容理解与识别的准确性和效率。

② 高度的数据依赖性：深度学习本质上是数据驱动的技术，为了训练出性能优良的模型，需要海量的训练数据作为支撑。大量的数据有助于模型更好地捕捉数据中的规律与模式，进而提升模型的准确性和泛化能力。在实际应用中，通常数据量越大，深度学习模型在各类任务中的性能表现就越出色，能够更好地适应复杂多变的实际场景。

③ 良好的适应性和扩展性：深度学习模型展现出了极为广泛的应用范围和强大的适应能力，能够无缝对接自然语言处理、语音识别与合成、图像处理、计算机视觉以及音乐处理等众多不同领域。并且，针对不同领域的特定任务和多样化需求，深度学习模型可以灵活地进行结构调整与参数优化，以实现最佳的应用效果，充分体现了其卓越的通用性和可扩展性。

深度学习的实现过程遵循的流程如下：首先，需收集数量充足且标注的数据作为模型训练的基础。随后，将收集到的数据输入神经网络中开始训练。在训练过程中，借助优化算法对神经网络的权重和偏置进行精细调整，其核心目标是尽可能减小模型预测结果与实际结果之间的误差。常见的优化算法包括随机梯度下降法。当训练阶段完成后，需要利用专门的测试数据对模型的性能进行全面评估。若模型性能达到预先设定的要求，便可以将其部署到实际问题中。

在深度学习的发展历程中，诞生了以下具有代表性的常见网络架构。

① 卷积神经网络：卷积神经网络在结构上与前馈网络存在一定相似性，但其应用领域主要聚焦于图像识别、模式识别以及计算机视觉等专业范畴。该网络运用线性代数中的矩阵乘法（卷积）原理来识别图像中的各类模式。通过独特的卷积层和池化层等特殊结构设计，卷积神经网络能够高效且有效地提取图像中的关键特征，极大地提升了对图像内容分析与处理的能力，成为图像相关领域深度学习应用的核心技术之一。

② 循环神经网络：循环神经网络的显著特点是具备反馈循环结构，这一结构特性使其在处理时间序列数据方面具有很大的优势。在诸如股票市场预测、语音识别，以及自然语言处理中的文本生成等任务场景中，循环神经网络大显身手。它能够有效地记住过往的信息，并结合当前输入的数据，对未来的输出进行准确预测，为解决时间序列相关的复杂问题提供了强有力的技术手段。

7.2.2 卷积神经网络

卷积神经网络（convolutional neural network，CNN）是一种专门用来处理具有网络结构数据的模型，例如图像、文本和时间序列数据（图 7-5）。最早可以追溯到 20 世纪 80 年代的神经认知机模型，这是第一个具有层次结构和卷积操作的神经网络模型，被认为是 CNN 的前身。到 2012 年 AlexNet 网络在 ImageNet 图像分类竞赛中取得突破性成果，是 CNN 的一次突破性进展。此后，各种新的 CNN 架构不断涌现，例如 EfficientNet、ResNet 等，并在各个领域取得了广泛应用。此外，CNN 可以有效捕捉蛋白质中局部氨基酸的相互作用关系，因此在生物研究领域有广泛应用。例如 RoseTTAFold，通过预测接触图（contact map）来准确预测蛋白质结构，DeepSite 利用 CNN 预测蛋白质表面的配体结合口袋等。

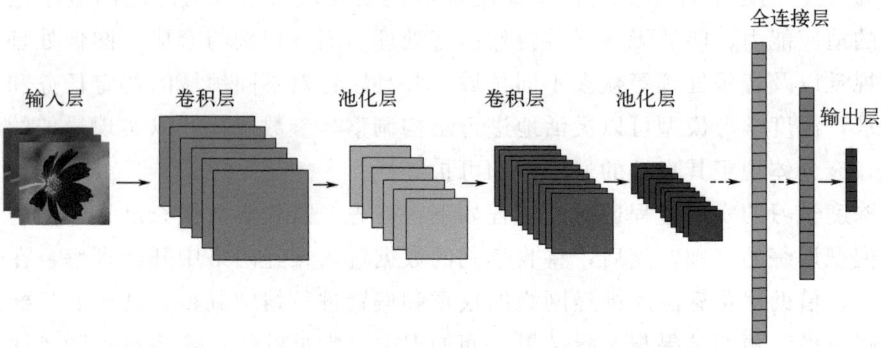

图 7-5 卷积神经网络模型

（1）卷积神经网络的基本结构

CNN 的核心思想是利用卷积核（convolutional kernel）或滤波器（filter）在输入数据上滑动，通过卷积运算提取局部特征，并通过多个卷积层和池化层（pooling layer）的堆叠，逐步学习到数据的层次化特征表示。

① 输入层：输入层的主要功能是接收原始数据，这些原始数据通常涵盖图像、视频或者音频信号等多种形式。以图像数据为例，输入层接收的数据一般呈现为一个三维张量的形式。其中，两个维度分别代表着图像的高度和宽度，第三个维度则表示图像的颜色通道数。比如，对于常见的 RGB 图像而言，其颜色通道数为 3，即包含红色、绿色和蓝色三个通道。

② 卷积层：卷积层堪称卷积神经网络的核心构成部分。它通过卷积操作来实现对输入数据特征的有效提取。所谓卷积操作，是一种特殊的数学运算方式，具体过程是将一个较小的滤波器（也被称作卷积核）在输入数据上进行滑动操作，并且针对滤波器所覆盖的区域执行加权求和运算。在这个过程中，通过对滤波器权重的灵活调整，卷积层能够学习到各种各样不同的特征模式。通常情况下，卷积层的卷积核是一个小型矩阵，其常见的大小规格有 3×3、5×5 或者 7×7 等。在神经网络的训练阶段，卷积核的权重会借助反向传播算法来进行不断调整，目的是学习到最契合当前任务需求的特征。经过卷积操作后，卷积层的输出结果是一组特征映射。每一个特征映射都是通过将不同的卷积核分别应用于输入

数据而得到的，这些特征映射反映了输入数据在不同特征维度上的响应情况。

③ 激活函数：在卷积层运算结束之后，通常会紧接着应用一个激活函数，其目的是为神经网络引入非线性因素。在深度学习领域中，常用的激活函数包括ReLU（rectified linear unit，修正线性单元）、Sigmoid 函数以及 Tanh 函数等。激活函数的重要作用在于，它能够让神经网络学习到非线性的特征表示形式，进而显著提升模型的表达能力和对复杂数据的处理能力。

④ 池化层：池化层的主要作用是降低特征映射的空间分辨率，以此来减少模型的参数数量以及计算量。在实际应用中，常见的池化操作主要有最大池化和平均池化这两种类型。最大池化操作是选取特征映射中每个局部区域内的最大值作为输出结果；平均池化操作则是计算每个局部区域的平均值，并将其作为输出。

⑤ 全连接层：在经过了多个卷积层和池化层的处理之后，神经网络通常会连接一个或者多个全连接层。全连接层会将卷积层和池化层所学习到的特征映射展开成为一维向量的形式，然后通过矩阵乘法运算以及激活函数的作用，进行更进一步的特征提取和分类操作。全连接层的输出一般是一个向量，该向量中的元素分别表示输入数据属于不同类别的概率值。

⑥ 输出层：输出层的设计会依据具体的任务类型而有所不同。对于分类任务来说，输出层通常会采用一个 softmax 层，它的作用是将全连接层的输出结果转换成概率分布的形式，从而清晰地表示输入数据属于不同类别的概率。而对于回归任务，输出层则可以是一个线性层，直接输出一个连续的数值结果，以此来预测相关的目标值。

（2）卷积神经网络的工作原理

卷积神经网络工作原理包含多个关键环节。

① 特征提取：卷积神经网络借助卷积层与池化层，能够自动地学习输入数据的特征表示。其中，卷积层中的卷积核可被视作一种特征检测器。不同的卷积核具有特定的参数设置，使其能够敏锐地检测输入数据中与之对应的特定模式。在实际操作中，通过将卷积核在输入数据的不同位置进行滑动应用，卷积层能够有效地提取出输入数据的局部特征。这些局部特征反映了数据在特定区域内的特性。

而池化层的作用同样不可或缺。它主要通过降低特征映射的空间分辨率来进一步处理数据。具体来说，池化层在特征映射上划分出一个个不重叠或部分重叠的局部区域，针对每个区域执行特定操作（如最大池化取区域内最大值，平均池化取区域内平均值）。通过这种方式，池化层能够从特征映射中提取出更为抽象的特征，在减少数据量的同时保留关键信息，降低后续计算负担，并且在一定程度上增强模型对数据平移、旋转等变换的鲁棒性。

② 参数学习：卷积神经网络的参数涵盖了卷积核的权重与偏置项，以及全连接层的权重与偏置项。在模型训练进程中，这些参数会通过反向传播算法来进行调整，其核心目标是最小化损失函数。损失函数作为一个关键指标，用于衡量模型预测结果与真实标签之间的差异程度。常见的损失函数有交叉熵损失函数（适用于分类任务，能有效反映预测概率分布与真实标签分布之间的差异）以及均方误差损失函数（常用于回归任务，衡量预测值与真实值之间误差的平方均值）。不断调整参数，使损失函数值逐渐减小，这意味着模型的预测结果越来越接近真实标签，从而实现模型性能的优化。

③ 前向传播和反向传播：在训练阶段，卷积神经网络首先通过前向传播来计算模型的输出。在前向传播过程中，输入数据依次经过卷积层、激活函数层、池化层等各层的运算，最终得到模型的预测输出。随后，根据已选定的损失函数，计算该预测输出与真实标签之间的损失值。

反向传播算法利用链式法则来计算损失函数对每个参数的梯度。它从输出层开始，按照与前向传播相反的顺序，依次向前计算每层的梯度。通过这些计算得到的梯度信息，能够明确每个参数的变化方向对损失函数值的影响程度。基于此，在模型训练时，可以根据梯度来更新参数，朝着使损失函数值减小的方向调整参数，不断优化模型性能。

（3）卷积神经网络的特点

卷积神经网络既存在诸多优势，也有局限性。在优势方面，它能够自动学习输入数据的特征表示，无需手动设计特征提取器，既减少了人工干预，又提升了模型泛化能力；卷积层的局部连接和权值共享特性，使模型参数数量较少，降低了计算量以及过拟合风险；基于卷积操作的局部性和权值共享，该网络对输入数据的平移、旋转和尺度变化有一定不变性，增强了模型鲁棒性；其计算可通过并行计算实现，提高了计算效率。局限性方面，它对数据量要求较高，需大量训练数据才能学习到有效特征表示，数据量不足时易过拟合；作为黑盒模型，其内部特征提取和决策过程难以解释，在对解释性要求高的领域应用受限；训练和运行还需要大量计算资源，如 GPU 等硬件设备，对于资源有限的环境不太适用。

7.2.3 循环神经网络

循环神经网络（recurrent neural network，RNN）是一种具有记忆功能的神经网络，适用于处理序列数据，如时间序列数据、自然语言等（图 7-6）。

（1）循环神经网络的基本结构

① 神经元结构：RNN 的神经元结构与传统的前馈神经网络存在显著差异，其神经元拥有内部记忆状态。通过隐藏状态将上一层的记忆信息输入，并传递给

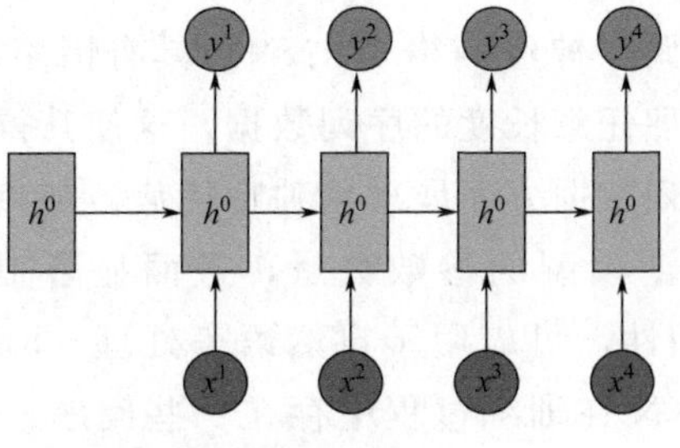

图 7-6 循环神经网络结构

下一层的神经元。通常，神经元所采用的激活函数为非线性函数，例如 tanh 函数或者 ReLU 函数，通过引入这种非线性变换，能够极大地增强模型的表达能力。

② 网络结构：RNN 由众多重复的神经元模块构建而成，整体呈现为链式结构。每个神经元模块在工作时，会接收当前时间步的输入以及上一个时间步的隐藏状态，以此为基础产生当前时间步的输出以及更新后的隐藏状态。网络的输入既可以是单个时间步的数据点，也可以是一段连续的时间序列数据。相应地，其输出既可以是每个时间步所对应的预测值，也可以是针对整个序列最终生成的预测结果。

(2) 循环神经网络的工作原理

① 前向传播：在每一个时间步，RNN 依据当前输入和上一个时间步的隐藏状态来计算当前时间步的输出与隐藏状态。具体的计算过程如下。

隐藏状态更新：$h_t = f(\boldsymbol{U}x_t + \boldsymbol{W}h_{t-1})$，其中 x_t 是当前时间步的输入，h_{t-1} 是上一个时间步的隐藏状态，$\boldsymbol{U}$ 和 $\boldsymbol{W}$ 是权重矩阵，f 是激活函数。

输出计算：$y_t = g(\boldsymbol{V}h_t)$，其中 h_t 是当前时间步的隐藏状态，$\boldsymbol{V}$ 是权重矩阵，g 是输出层的激活函数。

通过依次计算每个时间步的输出和隐藏状态，RNN 可以处理任意长度的序列数据，并捕捉序列中的长期依赖关系。

② 反向传播：RNN 的训练一般采用基于时间的反向传播算法（backpropagation through time，BPTT）。该算法的运作机制是将整个序列所产生的误差进行反向传播，借此来更新网络的权重参数。具体而言，首先要计算每个时间步的输出误差，随后将误差反向传播至上一个时间步，依照这样的方式依次更新每个时间步的权重参数。鉴于 RNN 的链式结构特性，在反向传播的过程中，极有可能出现梯度消失或者梯度爆炸的问题，而这类问题会对模型的训练效果造成不良影响。为有效解决该问题，研究人员提出了一系列改进的 RNN 结构，其中较为典型的有长短期记忆网络（long short-term memory，LSTM）以及门控循环单元（gated recurrent unit，GRU）。

（3）循环神经网络的特点

在神经网络领域，循环神经网络（RNN）具有诸多特性与应用表现。RNN 具备记忆功能，能够处理任意长度的序列数据，这使其得以捕捉序列中的长期依赖关系，因而在处理序列数据方面展现出独特优势。其参数在不同时间步之间共享，这一特性有效减少了模型的参数数量，进而显著提高了模型的训练效率。RNN 还具有广泛的适用性，可应用于自然语言处理、时间序列预测、音频处理等多个领域。然而，RNN 在训练过程中存在一些问题，例如容易出现梯度消失或梯度爆炸的情况，尤其是当序列长度较长时，该问题更为严重，这会对模型的训练效果产生不良影响。同时，RNN 的计算复杂度会随着序列长度的增加而上升，导致其对长序列数据的处理效率较低。此外，RNN 的链式结构使其难以进行并行化计算，这在一定程度上限制了模型的训练速度和应用范围。

7.2.4 图神经网络

图神经网络（graph neural network，GNN）是一类用于处理图结构数据的深度学习模型。图结构是一种强大的数据表示形式，能够描述实体之间的关系，例如社交网络、分子结构和知识图谱等。与 CNN 擅长处理网格结构数据不同，GNN 擅长捕捉节点之间的关系和图的拓扑结构信息。GNN 的核心思想是通过消息传递机制在图的节点之间迭代地传递和聚合信息，从而学习到每个节点的表示，以及整个图的表示。在蛋白质设计中，可以将蛋白质整体表示为一个图，其中氨基酸残基作为节点，残基之间的空间距离或相互作用作为边，进而将蛋白质的结构信息嵌入图神经网络。图神经网络可以与其它网络结合，从而发展成新的网络模型，如循环图神经网络（recurrent graph neural network，RGNN）、卷积图神经网络（convolutional graph neural network，ConvGNN）、图自编码器（graph autoencoder，GAE）和时空图神经网络（spatial-temporal graph neural network，STGNN）。其中，卷积图神经网络和时空图神经网络在蛋白质设计中的应用最为广泛，卷积神经网络能高效聚合局部邻域的信息，非常适合捕捉蛋白质的三维结构特征，ProteinMPNN 使用卷积图神经网络中的 MPNN（message passing neural network）架构，成功设计出具有功能的蛋白质序列。而在蛋白质折叠、分子动力学模拟等任务中，时空图神经网络可以建模蛋白质的构象随时间变化的依赖关系。

（1）图神经网络的基本结构

① 节点与边的表示：在图神经网络中，图由节点（vertex 或 node）和连接节点的边（edge）组成。每个节点都具备自身的特征向量，这些特征可以是数值型、类别型等多种形式，用于描述节点的属性。例如在社交网络里，节点特征可

能包含用户的年龄、性别、兴趣爱好等信息。边同样可以拥有特征，如在加权图中，边的权重就是一种特征，用以表示节点间关系的强度，像在描述城市间交通流量的图中，边的权重可代表两城市间的车流量大小。

② 网络层架构：GNN 通常由多个图卷积层（graph convolutional layer）堆叠而成。常见的图卷积层有基于谱方法的图卷积层（如 spectral CNN）和基于空间方法的图卷积层（如 GraphSAGE、GAT 等）。这些层的核心作用是通过对节点及其邻域节点的信息进行聚合与变换来更新节点的表示。以简单的基于空间方法的图卷积层为例，在每一层中，节点会收集其直接邻接节点的特征信息，并结合自身特征，通过特定的函数计算生成新的特征表示，从而不断丰富节点对周围图结构和信息的感知。

（2）图神经网络的工作原理

① 信息传播：GNN 的工作原理基于信息在图结构中的传播机制。在每一个传播步骤中，节点会将自身的特征信息沿着边传递给其邻接节点，同时也会接收来自邻接节点传递过来的信息。例如，在一个社交网络的图中，用户节点（即图中的节点）会将自己的状态（节点特征）分享给与之相连的好友节点（邻接节点），同时也会获取好友们分享的状态信息。这种信息传播过程是迭代进行的，经过多次迭代后，每个节点都能间接地获取到图中更广泛区域的信息，从而使其特征表示能够融合图的全局或局部结构信息。

② 节点表示更新：在信息传播的基础上，节点根据接收到的邻接节点信息以及自身原有的特征，通过特定的更新规则来更新自身的表示。常见的更新规则包含线性变换和非线性激活函数的组合。比如，先将节点自身特征向量与来自邻接节点特征向量的加权和进行线性变换（通过权重矩阵相乘实现），然后将结果输入非线性激活函数（如 ReLU 函数）中，得到更新后的节点特征向量。通过这种方式，节点的特征表示能够随着信息传播不断进化，更好地反映其在图中的角色和与其他节点的关系。例如，在知识图谱中，实体节点（图中的节点）通过这种更新方式，可以将与之相关的其他实体和关系信息融入自身表示，从而更准确地描述该实体的语义信息。

7.2.5 生成对抗网络

生成对抗网络（generative adversarial network，GAN）是一种深度学习模型，由生成器（generator）和判别器（discriminator）两个部分组成，通过对抗训练的方式来生成逼真的数据（图 7-7）。

“生成对抗网络”这个名称源于其核心的对抗机制。生成器试图生成逼真的数据来“欺骗”判别器，而判别器则努力区分真实数据和生成器生成的数据，两

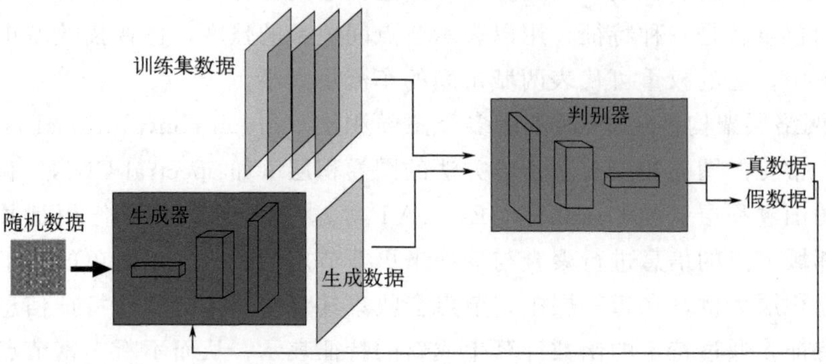

图 7-7 生成对抗网络模型

者在对抗中不断提升自己的能力，就像两个对手在竞争一样。GAN 是一种生成式模型，这意味着它能够学习数据的分布，并生成新的数据样本，这些样本与训练数据具有相似的特征。例如，在图像生成任务中，GAN 可以学习到真实图像的分布，然后生成新的图像。

（1）生成对抗网络的结构组成

① 生成器：生成器在构建时可选用多种神经网络结构，常见的有全连接神经网络、卷积神经网络（CNN）以及循环神经网络（RNN）等。以图像生成任务为典型场景，深度卷积生成对抗网络（DCGAN）应用较为广泛。在 DCGAN 中，生成器借助卷积层对图像数据进行处理，能够有效生成高质量的图像。其卷积层通过对输入数据进行卷积运算，逐步学习到图像的特征，从简单的边缘、纹理等低级特征，到复杂的物体形状、场景结构等高级特征，最终生成符合要求的逼真图像。

② 判别器：判别器同样可以采用多样化的神经网络结构，并且通常在结构设计上与生成器相互对应。判别器的主要职责是对输入的结构化数据进行分类，判断数据是来自真实样本还是由生成器生成的虚假样本。它通过一系列卷积层、池化层等操作，提取图像的特征，并基于这些特征做出分类决策，其结构设计需能捕捉到真实数据与生成数据之间的差异。

③ 判别器损失：判别器所使用的损失函数一般为二分类交叉熵损失。该损失函数主要用于衡量判别器对真实数据和生成数据的分类准确性。从数学原理上看，它反映了判别器预测结果与真实标签之间的差异程度。判别器的核心目标便是最小化这一损失函数，通过不断调整自身参数，使其能够更加精准地区分真实数据和生成数据。当判别器对真实数据和生成数据的分类结果越接近真实标签时，二分类交叉熵损失值就越小，意味着判别器的分类性能越好。

④ 生成器损失：生成器损失函数的定义方式通常基于欺骗判别器的思路。一种常见做法是最小化判别器对生成数据的错误分类概率，简单来说，就是要让

判别器尽可能将生成器生成的数据误认为是真实数据。另一种方式是最大化生成数据与真实数据之间的相似度，实现这一目标可借助均方误差损失或Wasserstein距离等方法。均方误差损失通过计算生成数据与真实数据在数值上的差异平方的均值，来衡量两者的相似程度，Wasserstein距离则从概率分布的角度，度量生成数据分布与真实数据分布之间的距离，通过最小化这些指标，生成器能够不断优化自身生成的数据，使其与真实数据更为接近。

（2）生成对抗网络的工作原理

① 生成器：生成器本质上是一个神经网络结构。在运行时，它以一个随机噪声向量作为输入。这个随机噪声向量通常从特定的概率分布（如正态分布或均匀分布）中采样得到，其作用是为生成器提供初始的、无特定结构的信息。生成器的核心任务在于学习如何将这种随机噪声精准地映射到真实数据所呈现的分布模式上，进而生成与真实数据高度相似、足以以假乱真的数据样本。

为达成这一目标，生成器在训练阶段不断对自身的参数进行调整。其调整方向是使生成的数据逐步逼近真实数据的特征、模式以及分布规律。生成器的训练策略是通过最大化判别器对其生成数据的误判概率来推进的。也就是说，生成器致力于生成那些能够成功骗过判别器的数据，让判别器将其判定为真实数据，以此反向驱动自身不断优化生成能力。例如，在图像生成场景中，生成器从随机噪声出发，通过多层神经网络的层层变换，逐渐生成具有特定物体形状、纹理、色彩等特征的图像，随着训练的深入，这些生成图像的逼真度不断提高。

② 判别器：判别器同样构建为神经网络形式。它的输入为一个数据样本，这个样本既可以来自真实的数据集合，也可以是生成器生成的样本。判别器的主要功能是对输入样本进行分析，并输出一个概率值，该概率值反映了输入样本属于真实数据的可能性大小。

判别器的目标是具备强大且精准的区分能力，能够清晰无误地区分输入样本究竟是真实数据还是由生成器生成的虚假数据。在训练过程中，判别器不断对自身参数进行调整，以提升对真实数据和生成数据的鉴别准确性。其训练过程通过同时最大化对真实数据的正确分类概率以及对生成数据的错误分类概率来实现。简单来讲，判别器力求对真实数据准确识别为真，对生成数据准确识别为假，从而不断优化自身的判别性能。例如，在判别图像真假的任务中，判别器通过分析图像的各种细节特征，如像素分布、物体结构合理性等，给出该图像是真实拍摄图像还是生成图像的概率判断。

③ 对抗训练：GAN的训练过程呈现出鲜明的对抗特性。在这一过程中，生成器和判别器宛如两个相互竞争的对手，它们在训练期间不断调整自身参数，以提升各自的性能表现。生成器一心想要生成更加逼真的数据，以此成功欺骗判别器；判别器则竭尽全力提升自己的鉴别能力，避免被生成器的虚假数据所误导。

这种对抗并非无序进行，而是在损失函数的引导下有序开展。生成器通过最小化自身的损失函数（如最大化判别器对其生成数据的误判概率）来更新参数，判别器则通过最小化自身的损失函数（如最大化对真实数据的正确分类概率与对生成数据的错误分类概率之和）来调整参数。二者在对抗中相互促进、共同进化，使得生成器生成的数据质量不断提升，判别器的鉴别能力也日益增强。

④ 平衡状态：在理想的训练进程下，生成器和判别器最终会趋向于达到一种平衡状态。当这种平衡达成时，生成器所生成的数据在特征、分布等各方面与真实数据几乎毫无差别，难以被区分开来。此时，判别器面对真实数据和生成数据时，其判断为真实数据的概率均为 0.5，这意味着判别器已无法准确鉴别数据的真伪。在这种平衡状态下，表明生成器已经成功学习到了真实数据的分布规律，具备了生成高质量逼真数据的能力。例如在图像生成领域，达到平衡状态的生成器能够生成与真实照片极为相似的图像，无论是在视觉效果还是数据统计特征上，都与真实拍摄的图像难分伯仲，可广泛应用于图像合成、数据增强等实际场景中。

生成对抗网络（GAN）具有诸多显著特点。首先，GAN 具备生成高质量数据的能力，在图像、音频等诸多领域表现突出，能够生成极为逼真的样本，与真实数据难以区分。以图像生成任务为例，GAN 可生成高分辨率且富含丰富细节的图像。其次，与传统生成模型不同，GAN 无需对数据的概率分布进行显式建模，而是借助对抗训练的方式，自动实现对数据分布的学习，这一特性使其在面对复杂数据分布时，展现出更高的灵活性与高效性。再者，GAN 的可扩展性较强，能够轻松拓展至大规模数据集以及高维数据空间。通过提升生成器和判别器的复杂度，便可处理更为复杂的生成任务。不仅如此，GAN 还能够与卷积神经网络、循环神经网络等其他深度学习模型相结合，进而实现更为强大的功能。最后，GAN 的应用范围极为广泛，涵盖了图像生成、图像修复、超分辨率图像重建、语音合成、文本生成等众多领域，为数据增强、艺术创作、虚拟现实等诸多实际问题提供了全新的解决方案。

7.2.6 注意力机制

Transformer 模型是一种基于注意力机制的深度学习模型架构，在自然语言处理、计算机视觉等多个领域取得了巨大的成功。Transformer 模型于 2017 年由 Ashish Vaswani 等人在论文“Attention Is All You Need”中首次提出。这篇论文的发表被认为是深度学习领域的一个重要里程碑，为后续自然语言处理及其他相关领域的发展带来了深远的影响。自此，基于 Transformer 架构的各种模型不断涌现，如 BERT、GPT 等，推动了人工智能技术的快速发展。

（1） Transformer的核心原理

① 注意力机制：注意力机制是Transformer模型的核心。在处理序列数据时，传统的神经网络模型（如循环神经网络）在处理长序列时会面临信息遗忘和计算效率低等问题。而注意力机制允许模型直接学习输入序列中各个位置之间的依赖关系，从而能够更好地捕捉长距离的语义信息。具体来说，对于给定的输入序列，模型会为每个位置计算一个注意力分数，该分数表示该位置与其他位置的相关性程度。然后，根据注意力分数对各个位置的信息进行加权求和，得到每个位置的新表示。这样，模型可以重点关注输入序列中与当前任务相关的部分，提高处理效率和准确性。

② 自注意力机制：是注意力机制的一种特殊形式，在Transformer模型中被广泛使用。在自注意力机制中，输入序列的每个位置都被视为一个查询（query）、一个键（key）和一个值（value）。通过计算查询与键的相似度，得到注意力分数，再将注意力分数与值相乘并加权求和，得到每个位置的加权表示。这种机制使得模型能够在不依赖外部信息的情况下，自动学习输入序列内部的依赖关系，从而更好地处理长序列数据。

③ 位置编码：由于Transformer模型本身不具有对输入序列位置信息的感知能力，因此需要引入位置编码来表示输入序列中每个位置的信息。位置编码可以是固定的，也可以是通过学习得到的。常见的位置编码方式有正弦位置编码和余弦位置编码等。通过将位置编码与输入序列的词嵌入相加，模型可以更好地理解输入序列中各个位置的信息。

（2） Transformer模型的结构

① 编码器（encoder）：主要用于将输入序列映射到一个隐藏表示。编码器由多个相同的层堆叠而成，每个层又包含多个子层，如自注意力层、前馈神经网络层和残差连接层等。自注意力层用于捕捉输入序列中各个位置之间的依赖关系；前馈神经网络层用于对自注意力层的输出进行进一步的处理和变换；残差连接层则用于解决深度神经网络训练中的梯度消失问题，使模型能够更容易被训练。

② 解码器（decoder）：用于根据编码器的输出生成目标序列。解码器的结构与编码器类似，也由多个层堆叠而成，但在解码器中，除了自注意力层和前馈神经网络层外，还包含一个额外的注意力层，用于将解码器的输出与编码器的输出进行交互，从而更好地生成目标序列。

（3） Transformer模型的训练与优化

① 训练目标：在自然语言处理任务中，常见的训练目标有语言模型训练目标、掩码语言模型训练目标、下一句话预测训练目标等。例如，在语言模型训练中，模型的任务是根据给定的输入序列预测下一个单词或字符；在掩码语言模型训练中，模型需要根据被掩码部分的上下文信息来预测被掩码的单词或字符；在

下一句话预测训练中，模型需要判断两个句子是否在原文中是连续的。

② 优化算法：通常使用随机梯度下降（SGD）及其变体，如 Adam、Adagrad 等优化算法来训练 Transformer 模型。这些优化算法可以根据模型的训练误差自动调整模型的参数，以提高模型的性能。此外，为了提高训练效率和模型的泛化能力，还会采用一些正则化技术，如 dropout、层归一化等。

（4） Transformer 模型的典型应用领域

① 自然语言处理：这是 Transformer 模型最主要的应用领域。在机器翻译中，模型可以将一种语言的文本翻译成另一种语言的文本；在文本生成中，模型可以根据给定的主题或提示生成一段文本；在情感分析中，模型可以判断一段文本的情感倾向（如积极、消极或中性）；在问答系统中，模型可以根据用户的问题自动生成答案等。

② 计算机视觉：虽然 Transformer 模型最初是为自然语言处理任务设计的，但近年来也被应用到了计算机视觉领域。例如，在图像分类任务中，模型可以将图像看作一个序列，对图像中的各个区域进行编码和分类；在目标检测任务中，模型可以对图像中的目标进行定位和分类等。

③ 其他领域：除了自然语言处理和计算机视觉领域外，Transformer 模型还被应用到了音频处理、生物信息学等其他领域。例如，在音频处理中，模型可以对音频信号进行分类和识别；在生物信息学中，模型可以对蛋白质序列等生物数据进行分析和预测。

7.2.7 扩散模型

扩散模型（diffusion model）是一种先进的机器学习算法，主要用于生成高质量的数据，在图像生成、音频合成等领域具有显著的效果。扩散模型的灵感来源于自然界的扩散现象，就像粒子在介质中从高浓度区域向低浓度区域的运动，比如一滴墨水滴入水中会逐渐扩散开来。在深度学习中，扩散模型通过逐步向数据添加噪声，然后学习如何逆转这一过程，从而生成新的数据（图 7-8）。扩散模型是一种生成式方法，即能够基于训练数据生成新的、与训练数据相似但不同的数据样本。例如，训练一个基于人脸图像的扩散模型后，它可以生成新的、具有不同特征和表情的人脸图像，即使这些具体的人脸图像未曾在训练数据中出现过。

（1）扩散模型的工作原理

① 数据预处理：在扩散过程启动之前，对数据进行预处理是极为关键的环节。数据预处理涵盖多个方面，其中包括数据清洗，其目的在于去除数据中的异常值，这些异常值可能是由于数据采集错误、噪声干扰等产生的，若不去除，会

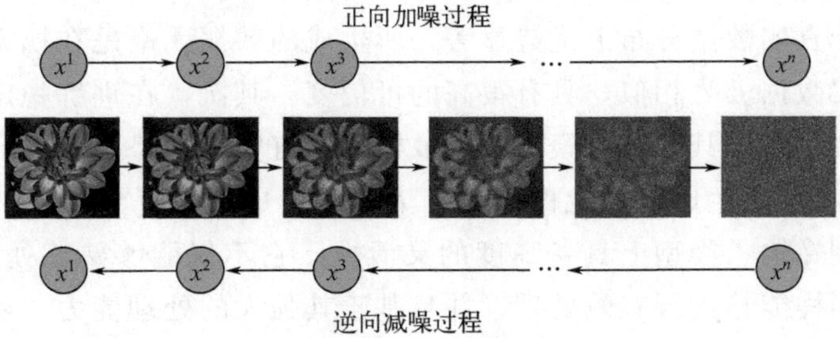

图 7-8 扩散模型

对后续模型的学习产生误导。数据标准化则是对数据特征进行一致性缩放，确保不同特征在数值尺度上具有可比性，对于图像数据而言，标准化处理对于实现正常的数据分布起着至关重要的作用，能使模型更好地捕捉图像的特征信息。此外，数据增强也是重要操作之一，其旨在增加数据集的多样性，通过对原始数据进行旋转、裁剪、缩放等变换，生成多个不同版本的数据，丰富模型的学习素材。针对不同类型的数据，例如文本或图像，还可能需要特定的预处理步骤，像在处理文本数据时，可能需要处理文本的词法、句法等，在图像数据中可能需要解决类别不平衡问题，即某些类别的数据样本数量远多于其他类别，通过过采样、欠采样等方法平衡各类别的样本数量。经过这些预处理步骤，能够让模型更高效、准确地理解数据，为生成高质量的输出奠定基础。

② 正向扩散过程：正向扩散过程是一个循序渐进增加数据复杂性的过程。该过程起始于从一个基础分布，例如常见的高斯分布中，随机抽取一个相对简单的样本。随后，通过一系列可逆的、逐步推进的修改操作，在每次操作中向样本引入一定量的噪声。随着步骤的不断推进，样本所包含的噪声越来越多，其复杂性也随之持续增加。在这个过程中，样本逐渐从最初的简单形态，演变成一个与期望生成的复杂数据分布极为相似的样本。通过这一正向扩散过程，模型能够深入捕捉并学习目标数据分布中蕴含的复杂模式和细节，例如在处理图像数据时，模型可以学习到图像中物体的纹理、形状、颜色分布等复杂特征模式。

③ 反向扩散过程：反向扩散过程即生成过程，其本质是从充满噪声的数据中恢复原始高质量数据的逆向操作。这一过程开始于一个在正向扩散过程中产生的、饱含噪声的数据样本，该样本是正向扩散过程的最终产物。在反向扩散过程中，模型逐步执行与正向过程相反的操作，每次操作都致力于去除一定量的噪声。随着这一过程的持续进行，数据中的噪声逐渐减少，原始数据所具备的清晰度和细节信息逐渐显现出来。经过多步操作后，最终生成高质量、逼真的数据，例如生成清晰、符合真实场景特征的图像，或者逻辑连贯、语义准确的文本等。

（2）扩散模型的特点

扩散模型在生成质量方面表现非常突出。其在训练过程中运用简单高效的损失函数，这一特性使得它能够生成高度逼真的图像、音频等多种类型的数据，在精准紧密匹配真实数据分布上优势显著，所生成的数据无论是在视觉上还是听觉上，都与真实数据极为相似，具有很高的可信度。其次，在训练稳定性层面，相较于生成对抗网络等其他生成模型，扩散模型具有明显优势。它不容易陷入“模式崩溃”，能稳定地生成多样化的输出，为数据生成提供了更丰富的可能性。再者，扩散模型在输入类型上具备高度的灵活性。它不仅能够熟练处理图像数据，对文本数据同样能够进行有效处理，并且基于其强大的处理能力，还可以实现文本到图像的转换、图像修复、超分辨率等多种复杂任务，极大地拓展了应用范围，在众多领域展现出巨大的应用潜力。

7.3 生成模型用于蛋白质设计的方法

本小节主要讨论除扩散模型以外的其他生成式模型在蛋白质设计中的应用，扩散模型在蛋白质设计中的应用将在下一个小节中单独介绍。如上一节所述，生成式模型旨在学习数据样本的潜在分布，并能够生成新的、与训练数据相似的数据样本。ProteinVAE 是一种基于变分自编码器的蛋白质设计模型，该方法被用于生成合成的病毒载体血清，这些血清包含 1240 万个参数，可以高效地利用有限的自然序列进行训练（例如，711 个腺病毒六邻体的自然序列，平均长度为 938 个氨基酸）。该模型能够生成高质量的腺病毒六邻体序列，并且通过 AlphaFold2 预测，这些序列能够高置信地折叠为与天然六邻体结构本质相同的结构。此外，生成对抗网络模型也被用于蛋白质设计领域，如 ProteinGAN 模型等。ProteinGAN 直接从复杂的多维氨基酸序列空间中学习蛋白质序列的进化关系，并生成新的、高度多样化的序列变体。ProteinGAN 以苹果酸脱氢酶（MDH）为模板酶，生成的蛋白经过实验测试，有 24%（即 55 个测试序列中的 13 个）具有溶解性并表现出 MDH 的催化活性。

此外，自回归（autoregression，AR）框架的大语言模型也被广泛应用于蛋白质设计之中。自回归模型在信号处理中常用于时间序列建模，其核心是利用条件概率的递归定义，即对于一个长度为 n 的序列 $x=(x_1,x_2,\cdots,x_n)$，其联合概率可以表示为：

$$P(x)=\prod\nolimits_{t=1}^{n}P(x_t \mid x_1,x_2,\cdots,x_{t-1}) \tag{7-1}$$

在这一框架下，自回归模型将序列生成问题转化为一系列逐步预测问题，每一步仅生成当前步骤的一个元素 x_t，并以先前生成的部分序列作为输入。目前基于自回归模型的蛋白质设计工具包括 ProtGPT、ESM-2 和 ProGen 等。这些模型经过训练，可以预测蛋白质序列中缺失的氨基酸“字母”（类似于训练的语言模型，可以预测句子中缺失的单词），并最终生成新的蛋白质序列。例如 ProGen

以约 2.8 亿条蛋白质序列为基础，根据分类学和关键词标签（如分子功能和细胞成分）作为条件，训练模型中约 12 亿个参数。ProGen 能够涵盖广泛的进化序列多样性，根据一级序列相似性、二级结构准确性以及构象能量指标生成逼真的蛋白质。

ProteinMPNN 是一种基于图神经网络及自回归生成的蛋白质设计方法。在编码过程中，首先将蛋白质骨架转化为图结构，节点代表氨基酸残基，边表示残基间的空间关系（如 Cα-Cα 原子间距、氢键网络、二面角等）。此外，除了包含相邻残基的几何信息，还引入多原子间距（如 Cβ、O、N 等）和方向向量，增强空间约束的建模能力。模型通过多轮消息传递更新残基特征，通过邻域聚合，每个节点接收来自空间邻域（默认选取 30 个最近残基）的信息，并利用注意力机制加权聚合邻居节点的特征。结合自身特征与聚合信息，利用门控循环单元更新节点嵌入，同时动态调整边的权重。在序列生成阶段采用自回归方式，逐个预测氨基酸。并引入跨层注意力机制，捕获长程相互作用（如 β 折叠配对、螺旋堆积）对生成序列的影响。

7.4 扩散模型用于蛋白质设计的方法

扩散模型用于蛋白质序列设计训练过程始于确定的蛋白质序列或者结构，逐步引入高斯噪声，使得结构变得无序。模型的目标是学习如何逆转这个过程，即从噪声数据中恢复原始的蛋白质结构。在训练过程中，模型通过预测噪声结构的去噪梯度或完全去噪结构来进行训练。这样，模型学会了蛋白质空间的概率分布，从而能够在推理时从真正的高斯噪声开始，逐步生成新的蛋白质结构。扩散模型的关键是如何确保输出对于输入数据的刚性变换（如旋转和平移）是不变的。

7.4.1 基于氨基酸框架的扩散模型

氨基酸框架（amino acid frame）为蛋白质结构提供了一种内禀的旋转平移等变的表示方式，近年来已被证明是扩散模型进行蛋白质设计的有效信息基础。一个氨基酸框架由一个中心原子坐标向量（通常是 Cα 原子）和一个定义了氨基酸骨架方向的正交矩阵组成。这种表示方式将每个氨基酸残基视为一个刚体，其位置和方向由该框架唯一确定。基于氨基酸框架的扩散模型通过在框架空间中进行扩散和去噪操作，直接对蛋白质骨架几何进行建模，从而生成具有理想结构特征的全新蛋白质。

RFdiffusion 是将扩散模型应用于氨基酸框架的开创性工作之一（图 7-9）。

该模型利用RoseTTAFold网络强大的结构预测能力，将其作为去噪网络的核心组件。在RFdiffusion中，每个氨基酸残基的框架被表示为一个Cα原子坐标和一个3×3旋转矩阵，该旋转矩阵由N-Cα和Cα-C向量构建而成。在正向扩散过程中，模型通过向Cα坐标添加高斯噪声，并向旋转矩阵添加基于矩阵Fisher分布的噪声，逐渐破坏蛋白质的原始框架结构。在反向生成过程中，RoseTTAFold网络在每个时间步接收受损的氨基酸框架，并预测去噪后的框架结构。由于RoseTTAFold网络本身具有内禀的旋转平移等变性，因此RFdiffusion模型生成的蛋白质结构对刚体变换具有良好的鲁棒性。此外，通过在训练过程中引入自调节（self-conditioning）机制，RFdiffusion进一步提升了模型的生成能力和采样效率。自调节机制允许模型在反向过程中利用前一步的预测结果，从而提高去噪过程的连贯性和准确性。RFdiffusion在多个蛋白质设计任务中都取得了优异的性能，包括无条件蛋白质结构生成、拓扑结构约束下的蛋白质设计、功能基序的支架搭建、对称性寡聚体设计，以及蛋白质-蛋白质相互作用设计等。实验结果表明，RFdiffusion生成的蛋白质结构具有高度的多样性和准确性，许多设计案例得到了实验验证的支持，展现了氨基酸框架扩散模型在蛋白质设计领域的巨大潜力。

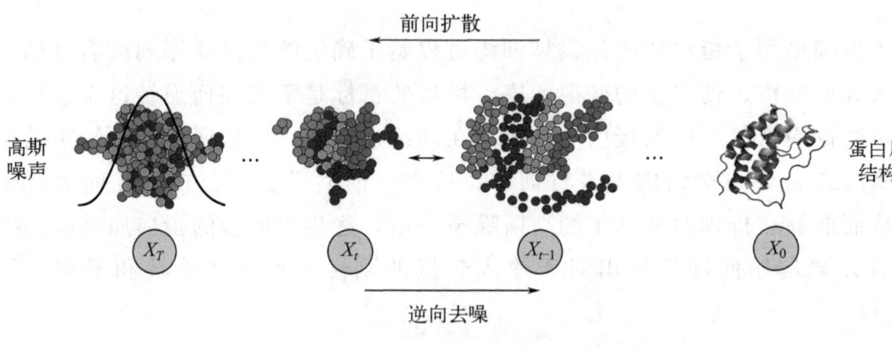

图7-9 基于蛋白质结构框架的扩散模型

除了RFdiffusion之外，还有其他一些研究工作也探索了基于氨基酸框架的扩散模型。FrameDiff模型构建了一个基于SE(3)等变图神经网络的去噪网络，用于预测氨基酸框架的去噪方向。与RFdiffusion不同，FrameDiff直接在SE(3)空间中进行扩散，即对整个氨基酸框架施加刚体变换噪声。在正向扩散过程中，FrameDiff使用一种特殊的SE(3)扩散核来逐渐破坏蛋白质的框架结构。在反向生成过程中，SE(3)等变图神经网络接收受损的氨基酸框架，并预测施加在每个框架上的去噪变换，从而逐步恢复蛋白质的原始结构。FrameDiff在无条件蛋白质结构生成和蛋白质-配体复合物建模任务中展现了良好的性能，证明了SE(3)等变扩散模型在蛋白质结构预测和设计中的有效性。

尽管基于氨基酸框架的扩散模型在蛋白质设计中取得了显著的成功，但仍然存在一些挑战和改进空间。例如，当前的框架表示方式主要关注蛋白质骨架几何，而忽略了侧链构象的灵活性。此外，如何将更丰富的序列信息和功能信息融入框架扩散模型中，也是一个重要的研究方向。未来的工作可以探索更精细的氨基酸框架表示方式，例如将侧链原子也纳入框架中，或者将氨基酸框架与其他类型的结构信息（如距离图、二面角等）相结合。此外，还可以开发更强大的去噪网络架构，以进一步提高模型的生成能力和采样效率。

总而言之，基于氨基酸框架的扩散模型为蛋白质设计提供了一种全新的范式。通过在框架空间中进行扩散和去噪，这类模型可以直接对蛋白质骨架几何进行建模，并生成具有理想结构特征的全新蛋白质。随着研究的不断深入，我们有理由相信，基于氨基酸框架的扩散模型将在蛋白质工程和生物医药等领域发挥越来越重要的作用。

7.4.2 基于坐标的扩散模型

与基于氨基酸框架的扩散模型不同，基于坐标的扩散模型直接在蛋白质的三维原子坐标上进行扩散，通过对蛋白质结构中的原子坐标进行扩散和去噪来生成新的蛋白质结构（图 7-10）。这类模型将蛋白质结构视为三维空间中的一个点云，通过对原子坐标施加高斯噪声来构建扩散过程，并学习逆转该过程以生成新的蛋白质结构。基于坐标的扩散模型通常需要利用等变神经网络来处理坐标信息，以确保生成结构的合理性。相比于基于氨基酸框架的扩散模型，基于坐标的扩散模型可以更精细地控制蛋白质结构的几何细节，但也面临着计算量大、旋转平移不变性难以保证等挑战。

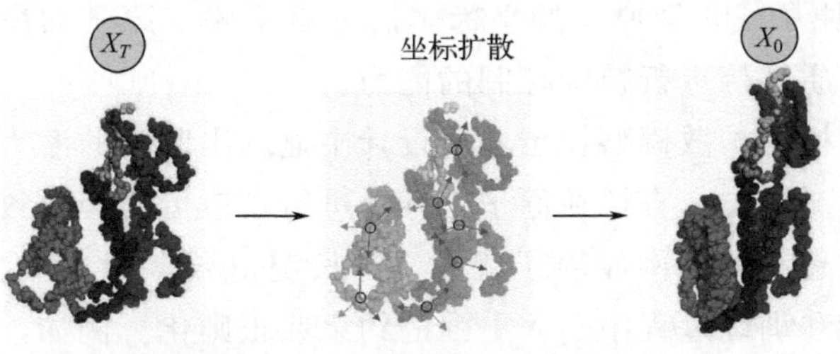

图 7-10 基于坐标的蛋白质扩散模型

Chroma 是一个典型的基于坐标的扩散模型，它采用一种长程图神经网络（long-range graph neural network，LR-GNN），并在多个蛋白质设计任务中取得了出色的性能。在 Chroma 中，蛋白质结构被表示为一个完全图，其中每个节点代表一个氨基酸残基，每条边代表残基之间的相互作用。每个节点都包含两个特征：一个是氨基酸类型，另一个是该残基 Cα 原子的三维坐标。在正向扩散过程中，Chroma 通过向 $C\alpha$ 原子坐标添加高斯噪声来逐渐破坏蛋白质的原始结构。在反向生成过程中，去噪网络接收带噪的蛋白质结构图，并预测每个 $C\alpha$ 原子的去噪坐标。该去噪网络由多个等变图卷积层组成，每个卷积层都包含一个几何向量感知器（geometric vector perceptron，GVP），用于处理节点的几何特征（即坐标）。GVP 模块可以有效捕捉蛋白质结构中的空间关系，并保证网络的输出对旋转和平移操作具有不变性。Chroma 生成的两个设计蛋白质结构得到了晶体衍射实验的验证，与预测模型的均方根偏差（RMSD）分别仅为 1.1 Å 和 1.0 Å，这充分证明了基于坐标的扩散模型在生成高精度蛋白质结构方面的能力。Chroma 在多个蛋白质设计任务中都取得了显著的性能提升，包括无条件蛋白质结构生成、序列设计以及蛋白质复合物设计等。

除了 Chroma 之外，还有一些其他的基于坐标的扩散模型也值得关注。例如，ProteinSGM 提出了一种基于分数的生成模型，它直接在原子坐标上进行操作。ProteinSGM 的正向扩散过程可以视为一个随机微分方程（SDE），它通过逐渐向原子坐标添加高斯噪声来扰动蛋白质结构。与离散时间步的 DDPM 不同，ProteinSGM 的逆向过程是一个连续时间的反向 SDE，它通过一个分数网络（score network）来估计噪声结构的梯度，并利用该梯度逐步去除噪声，从而生成新的蛋白质结构。ProteinSGM 的分数网络是一个 SE(3) 等变的图神经网络，它能够捕捉蛋白质结构中的几何和对称性信息。ProteinSGM 在无条件蛋白质结构生成和骨架设计等任务中展现了良好的性能。基于坐标的扩散模型也存在一些局限性。首先，由于需要处理大量的原子坐标，这类模型的计算成本通常较高，难以应用于大型蛋白质的从头设计。其次，如何有效保证生成结构的旋转平移不变性仍然是一个挑战。尽管一些方法，如 Chroma，采用了等变网络架构，但仍然难以完全消除旋转平移操作对生成结果的影响。此外，当前基于坐标的扩散模型主要关注 $C\alpha$ 原子或骨架原子的坐标，而忽略了侧链原子的位置和构象。这限制了模型对蛋白质结构进行精细控制的能力。

虽然基于坐标的扩散模型在蛋白质设计中显示出巨大的潜力，但它们也面临一些独特的挑战。首先，直接在原子坐标上进行扩散可能会导致生成的结构违反基本的化学和物理约束，例如原子碰撞、键长键角异常等。为了解决这个问题，需要在模型设计和训练过程中引入更强的约束或正则化。例如，可以设计更精细的扩散过程，使其更好地模拟蛋白质结构的真实扰动模式；或者在损失函数中加入能量项，以惩罚不合理的结构。其次，由于蛋白质结构的高维度和复杂性，基于坐标的扩散模型通常需要大量的计算资源和训练时间。为了提高效率，可以探索更高效的等变神经网络架构，或者利用预训练技术来加速模型收敛。

总而言之，基于坐标的扩散模型为蛋白质设计提供了一种直接且灵活的途径。通过在原子坐标空间中进行扩散和去噪，这类模型可以生成具有复杂拓扑结构和高精度的全新蛋白质。随着模型架构和训练方法的不断改进，我们期待基于坐标的扩散模型能够在蛋白质工程和药物发现等领域发挥更大的作用。

7.4.3 基于序列的扩散模型

基于序列的扩散模型将蛋白质设计视为一个序列生成问题，通过在氨基酸序列空间进行扩散和去噪来生成新的蛋白质序列。这类模型通常将蛋白质序列表示为一个离散的符号序列，每个符号代表一种氨基酸（图 7-11）。相比于基于结构信息的扩散模型，基于序列的扩散模型可以更直接地探索蛋白质序列空间，并且更容易与已有的序列分析和设计工具相结合。然而，如何确保生成的序列能够折叠成稳定的三维结构，是这类模型面临的主要挑战。

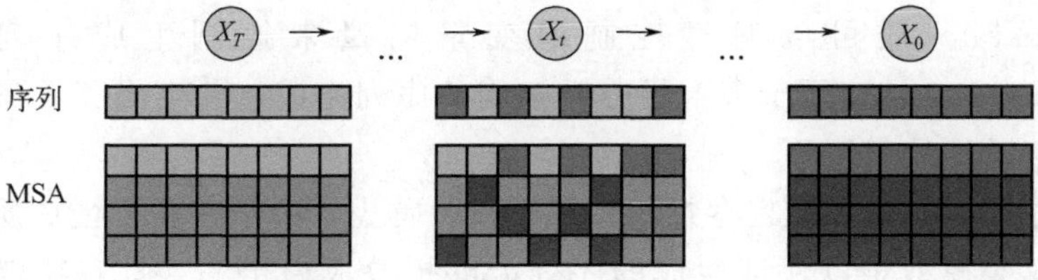

图 7-11 基于序列的蛋白质扩散模型

EvoDiff 是一个基于序列的扩散模型，它开创性地将离散扩散框架应用于大规模、进化相关的蛋白质序列数据。EvoDiff 构建了两种类型的扩散模型：OADM（order-agnostic autoregressive diffusion model ）和 D3PM（discrete denoising diffusion probabilistic model），并探索了不同的模型架构和训练策略。在正向扩散过程中，EvoDiff 采用两种策略逐渐破坏蛋白质序列：对于 OADM，模型在每个时间步随机掩蔽一个氨基酸；对于 D3PM，模型根据预定义的转移矩阵（例如均匀转移或基于 BLOSUM 矩阵的转移）将一个氨基酸替换为另一个氨基酸。在反向生成过程中，去噪网络接收受损的蛋白质序列，并预测每个位置的原始氨基酸。EvoDiff 采用了卷积神经网络作为序列模型的去噪网络，并采用了 MSA Transformer 作为多序列比对（multiple sequence alignment，MSA）模型的去噪网络。通过在大量的自然蛋白质序列和 MSA 数据上进行训练，EvoDiff 学会了从噪声序列中恢复真实蛋白质序列的分布。值得注意的是，EvoDiff 是第一个在大规模、进化相关的序列数据上进行离散扩散的蛋白质设计模型，这使得它能够捕捉蛋白质序列的复杂进化模式，并生成具有高度多样性和新颖性的人工序列。EvoDiff 在多个蛋白质设计任务中都展现了出色的性能，包括无条件蛋白质序列生成、基于 MSA 的条件生成、内在无序区域（intrinsically disordered region，IDR）的生成以及功能基序的序列支架搭建等。实验结果表明，EvoDiff 生成的蛋白质序列具有良好的可折叠性和结构合理性，并且能够覆盖广泛的蛋白质功能空间。此外，EvoDiff 还展示了强大的零样本泛化能力，即在没有经过特定任务微调的情况下，也能够生成具有特定性质的蛋白质序列。这些结果充分证明了基于序列的扩散模型在蛋白质设计领域的巨大潜力。

ProteinGenerator 将变分自编码器（variational autoencoder，VAE）与去噪扩散概率模型（DDPM）相结合，用于蛋白质序列的生成。它首先利用 VAE 将离散的氨基酸序列映射到一个连续的潜变量空间，然后在这个潜变量空间中应用 DDPM 来进行扩散和去噪。在 ProteinGenerator 中，VAE 的编码器将输入的蛋白质序列映射到一个低维的潜变量向量，解码器则将该向量重构回原始序列。通过在潜变量空间中进行扩散和去噪，ProteinGenerator 可以生成新的潜变量向量，然后使用 VAE 的解码器将这些向量转换回蛋白质序列。这种方法的好处在于，它可以利用 VAE 学习到序列的连续表示，从而更有效地进行扩散操作。此外，ProteinGenerator 还可以通过控制潜变量向量来控制生成序列的性质。ProteinGenerator 被应用于多个蛋白质家族的序列生成，并生成了大量具有不同长度和结构特征的新序列。

基于序列的扩散模型也存在一些局限性。首先，由于忽略了蛋白质的三维结构信息，这类模型难以保证生成的序列能够折叠成稳定的、具有特定功能的结构。尽管一些方法，如 EvoDiff，尝试通过引入进化算法来评估序列的可折叠性和稳定性，但仍然难以准确地预测序列的三维结构。其次，当前基于序列的扩散模型通常需要大量蛋白质序列数据来进行训练，这限制了它们在数据稀缺的蛋白质家族中的应用。

未来的工作可以探索将序列信息与其他类型的结构信息相结合的扩散模型，例如将序列扩散与基于框架或坐标的扩散模型相结合，从而充分利用不同层次的信息来指导蛋白质的生成。此外，可以研究更有效的去噪网络架构，例如引入图神经网络来捕捉序列中的局部相互作用，或者利用预训练的语言模型来提高模型的表达能力。另一个重要的研究方向是开发更可靠的序列评估指标，例如利用基于深度学习的结构预测模型来评估生成序列的可折叠性和稳定性，从而更好地指导扩散过程。

总而言之，基于序列的扩散模型为蛋白质设计提供了一种探索序列空间的有效工具。通过在氨基酸序列空间进行扩散和去噪，这类模型可以生成大量具有多样性的新序列。尽管仍然存在一些挑战，但随着研究的不断深入，基于序列的扩散模型有望在蛋白质工程和合成生物学等领域发挥重要作用。

7.4.4 基于二面角的扩散模型

二面角，即 phi(φ)、psi(ψ) 和 omega(ω)，与键角一起，构成了蛋白质骨架

构象的一种基本且直观的表示方式。与笛卡尔坐标相比，这些内部坐标固有地捕获了多肽链的局部几何形状，并提供了一个更紧凑且更具物理意义的参数空间。因此，基于二面角的扩散模型已成为蛋白质设计的一种强大方法，能够生成具有增强的骨架柔性控制能力的新颖且多样的蛋白质结构（图 7-12）。

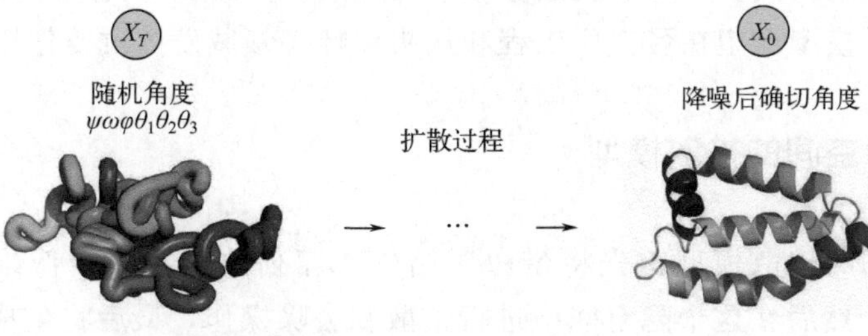

图 7-12 基于二面角的蛋白质扩散模型

该领域的一项开创性工作是 FoldingDiff。FoldingDiff 利用二面角固有的旋转和平移不变性来简化扩散过程。FoldingDiff 没有采用坐标扩散所需的计算成本高昂的等变网络，而是使用了一个标准的双向 Transformer 架构。该模型被训练用于对表示为二面角和键角序列的蛋白质结构进行去噪。

FoldingDiff 中的扩散过程优雅地适应了角度的周期性。它采用包裹高斯分布（wrapped Gaussian distribution）向角度值添加噪声，确保扩散过程遵循 2π 的周期性。然后，反向去噪过程被建模为迭代去除这种包裹噪声。本质上，该模型学习从噪声损坏的对应物中预测“真实”的潜在角度，逐步将骨架构象从类似未折叠状态细化到稳定的折叠结构。这种方法从天然蛋白质折叠过程中汲取灵感，其中局部扭转调整引导多肽链朝向其天然状态。

实证研究表明，FoldingDiff 能够生成逼真且多样的蛋白质骨架。该模型有效捕捉了二面角的自然分布，并产生了具有丰富二级结构元素和拓扑结构的蛋白质。此外，FoldingDiff 表现出令人印象深刻的可设计性，其生成的很大一部分结构可以使用 ProteinMPNN 和 OmegaFold 等方法成功地进行计算机折叠。

基于二面角的扩散模型也存在一些局限性。首先，由于二面角只能描述蛋白质骨架的局部构象，而无法完全确定蛋白质的三维结构，因此这类模型通常需要依赖其他的结构预测或优化方法来构建完整的三维结构。其次，当前基于二面角的扩散模型通常将二面角视为独立变量，而忽略了它们之间的相关性。这可能会导致生成的结构出现不合理的扭曲或冲突。

未来的工作可以探索更有效的二面角表示方式，例如将二面角与其他类型的结构信息（如距离图、接触图等）相结合，从而更完整地描述蛋白质的构象。此外，可以研究新的去噪网络架构，例如引入图神经网络来捕捉二面角之间的相关性，或者利用预训练的语言模型来提高模型的表达能力。另一个重要的研究方向是将基于二面角的扩散模型与其他类型的扩散模型（如基于坐标或框架的扩散模型）相结合，从而充分利用不同层次的结构信息来指导蛋白质的生成。

总而言之，基于二面角的扩散模型为蛋白质设计提供了一种操纵蛋白质骨架构象的有效途径。通过在二面角空间进行扩散和去噪，这类模型可以生成具有多样化骨架结构的新蛋白质。虽然仍然存在一些挑战，但随着研究的不断深入，基于二面角的扩散模型有望在蛋白质工程和从头设计等领域发挥重要作用。

7.4.5 基于隐空间的扩散模型

基于隐空间的扩散模型首先将蛋白质结构或序列映射到一个低维的隐空间（latent space），然后在这个隐空间中进行扩散和去噪操作，最后将生成的隐向量解码回蛋白质结构或序列。隐空间可以看作是蛋白质结构或序列的一种压缩表示，它捕捉了数据的主要特征和内在规律。与直接在高维结构或序列空间中进行扩散相比，基于隐空间的扩散模型可以更有效地探索蛋白质的设计空间，并生成具有新颖性和多样性的蛋白质。

LatentDiff 是一个典型的基于隐空间的扩散模型，它利用预训练的蛋白质结构预测模型（如 RoseTTAFold）的隐空间来指导蛋白质结构的生成（图 7-13）。LatentDiff 的核心思想是，预训练的结构预测模型已经学习到了蛋白质结构空间的有效表示，其隐空间编码了蛋白质结构的本质特征。因此，在这个隐空间中进行扩散可以更好地探索合理的蛋白质结构。LatentDiff 的扩散过程分为两个阶段：首先，将输入的蛋白质结构编码到 RoseTTAFold 的隐空间中，得到一个隐向量；然后，在这个隐向量上进行正向扩散，通过逐渐添加高斯噪声来破坏其原始结构信息。在反向生成过程中，去噪网络接收带噪的隐向量，并预测去噪后的隐向量，从而逐步恢复原始的结构信息。LatentDiff 的去噪网络是一个基于 Transformer 的架构，它可以有效地捕捉隐向量中不同元素之间的相互作用。为了将生成的隐向量解码回蛋白质结构，LatentDiff 利用了 RoseTTAFold 的解码器，将隐向量作为输入，直接输出相应的三维结构。在实验中，LatentDiff 被应用于多个蛋白质设计任务，包括无条件蛋白质结构生成、拓扑结构约束下的蛋白质设计，以及蛋白质-蛋白质相互作用设计等，并取得了优异的性能。

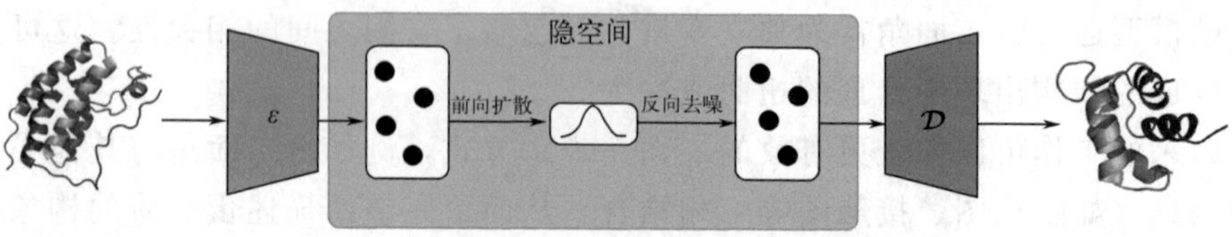

图 7-13　基于隐空间的蛋白质扩散模型

基于隐空间的扩散模型也存在一些局限性。首先，这类模型通常依赖于预训练的模型（如 VAE 或 GNN）来学习隐空间表示，这限制了它们在数据稀缺的蛋白质家族中的应用。其次，如何设计一个既能捕捉蛋白质结构或序列的关键特征，又能进行有效扩散操作的隐空间仍然是一个挑战。此外，将生成的隐向量解码回蛋白质结构或序列的过程可能会引入误差，从而降低生成结果的准确性。

未来的工作可以探索更有效的隐空间学习方法，例如利用自监督学习或对比学习来构建蛋白质结构或序列的隐空间表示。此外，可以研究新的扩散模型架构，例如将隐空间扩散与其他类型的扩散模型（如基于坐标或框架的扩散模型）相结合，从而充分利用不同层次的信息来指导蛋白质的生成。另一个重要的研究方向是开发更可靠的解码方法，例如利用基于物理的能量模型来优化生成的蛋白质结构，从而提高生成结果的准确性和物理真实性。

总而言之，基于隐空间的扩散模型为蛋白质设计提供了一种探索低维表示空间的有效途径。通过在隐空间中进行扩散和去噪，这类模型可以生成具有新颖性和多样性的蛋白质结构或序列。虽然仍然存在一些挑战，但随着研究的不断深入，基于隐空间的扩散模型有望在蛋白质工程和药物设计等领域发挥重要作用。

参考文献

[1] 伊恩·古德费洛，约书亚·本吉奥，亚伦·库维尔．深度学习[M]．赵申剑，黎彧君，符天凡，等译．北京：人民邮电出版社，2017.

[2] Alley E C, Khimulya G, Biswas S, et al. Unified rational protein engineering with sequence-based deep representation learning[J]. Nat Methods, 2019, 16:1315-1322.

[3] Anishchenko I, Pellock S J, Chidyausiku T M, et al. De novo protein design by deep network hallucination[J]. Science, 2021, 600(16):547-552.

[4] Dauparas J, Anishchenko I, Bennett N, et al. Robust deep learning-based protein sequence design using ProteinMPNN[J]. Science, 2022, 378(6615):49-56.

[5] Kortemme T. De novo protein design——From new structures to programmable functions[J]. Cell, 2024, 187(3):526-544.

[6] Lin Z, Akin H, Rao R, et al. Evolutionary-scale prediction of atomic-level protein structure with a language model[J]. Science, 2023, 379:1123-1130.

[7] Watson J L, Juergens D, Bennett N R, et al. De novo design of protein structure and function with RFdiffusion[J]. Nature, 2023, 620(7976):1089-1100.

[8] Winnifrith A, Outeiral C, Hie B L. Generative artificial intelligence for de novo protein design[J]. Curr Opin Struct Biol, 2024, 86:102794.

第八章
功能蛋白质设计

通过人工智能设计出具有理想功能和特性的新分子，能拓展人们对蛋白质进行工程设计的能力，使其超越自然界目前已进化出的水平。目前最先进的设计方案在实验中的成功率已接近 20%，从而使人们更容易获得从头设计的蛋白质。本章将介绍几种典型的蛋白质设计例子。

8.1 蛋白质结合剂设计

蛋白质结合剂作为一类能够与特定靶蛋白发生特异性相互作用的蛋白质分子，在生命活动的调控、信号转导等过程中发挥着关键作用（图 8-1）。它们通过精准识别靶蛋白上的特定区域，以高亲和力与之结合，进而影响靶蛋白的活性、定位以及与其他分子的相互作用，对维持细胞的正常生理功能至关重要。研究蛋白质结合剂不仅有助于深入理解生物体内复杂的分子机制，还为开发新型治疗药物、生物传感器等提供了理论基础和关键元件。

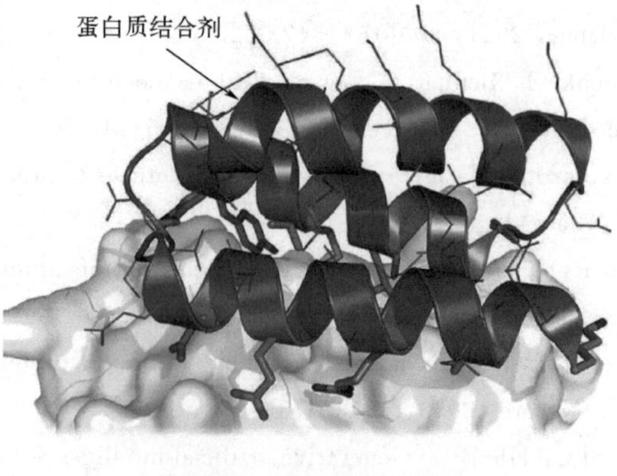

图 8-1 蛋白质结合剂

早期结合剂计算设计的方法主要聚焦于对自然界存在的蛋白质进行改造，构建新的结合界面，或者改变现有界面的特异性。该方法的操作流程为：首先，将游离的氨基酸侧链对接至目标表面，以此确定目标表面的理想相互作用位点；其次，将这些对接好的侧链整合到支架蛋白质中，进而生成结合剂。评估结果显示这一类方法获得微摩尔范围内结合剂的成功率在<0.01%～1%之间。

近年来，基于人工智能（AI）的蛋白质结合剂设计方法取得显著进展，在不依赖大规模文库或大量实验优化的前提下，展现出更高的成功率。以 RFdiffusion 为例，它生成微摩尔范围内的结合剂成功率达 19%，且每个靶标所测试的设计数量少于 100 个。对于其中两个靶标，在未进行额外实验优化的情况下，便确定了纳摩尔级别的结合剂。运用 MaSIF 方法生成的设计，成功确定了 4 个靶标的结合剂，针对其中一个靶标，该方法无需实验优化就得到了纳摩尔级别的结合剂。值得注意的是，尽管上述 RFdiffusion 研究在目标上采用了预定义的相互作用热点，但 MaSIF 方法能够用于相互作用热点未知的蛋白设计。

尽管在蛋白质结合剂设计方面已经取得诸多重大突破，但仍存在诸多挑战。其中，尤为困难的是为高度柔性或极性极强的目标表面设计结合剂。此外，目前的结合剂设计中，相互作用界面为螺旋结构的蛋白占据主导地位，然而在自然界中并非如此。这主要是因为螺旋结构具有规则的几何形状，其内部能够满足主链氢键供体和受体基团的需求，因此能较好地满足蛋白质设计的要求。

8.2 蛋白质酶的设计

蛋白质类的酶是蛋白质工程和设计领域中的重要对象（图 8-2）。对酶的改造及全新设计，获得更高活性、更高稳定性的蛋白质对于工业生产和人类生活都有重要意义。

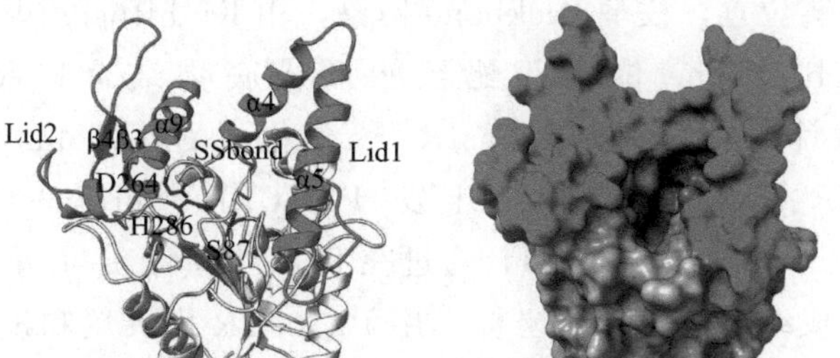

图 8-2 脂肪酶

其中深色标注的残基为催化位点

在早期，人们通过对原始酶上的残基定向进化和突变，以期获得更好的酶。比如，利用生物工程技术对塑料降解酶改造以提高塑料降解活性。塑料垃圾对生态环境构成严重挑战，其中聚对苯二甲酸乙二酯（PET）占全球固体垃圾的

12%。通过酶促降解实现 PET 的循环碳经济在理论上可行，但 PET 水解酶存在稳定性差、反应速率慢以及无法直接处理未加工的消费后塑料等问题。利用蛋白质工程技术，研究人员针对 PETase 设计了 159 个单突变体或多突变体，涉及四个主要突变（S121E、T140D、R224Q 和 N233K）。将这些突变组合到 WT PETase、ThermoPETase 和 DuraPETase 三种支架上，构建出多种变体。结果显示，构建的突变体中大部分热稳定性相对野生型都有一定程度的提升。此外，在 PET 水解活性上，突变体的酶活性大大提升。例如，PETase S121E/R224Q/N233K 在 30℃和 40℃时，PET 水解活性分别比野生型 PETase 提高 3.4 倍和 29 倍。

近几年伴随人工智能蛋白质设计方法的进步，蛋白质酶全新设计得到了飞速发展。利用深度学习方法全新设计蛋白质酶逐渐成为新的主流方法。其中最具代表性的方法是 RFdiffusion。传统从头设计酶方法从反应过渡态催化残基排列出发，在现有支架中寻找活性位点，但固定骨架限制催化几何实现精度，且活性位点预组织评估困难，尤其对于多步反应酶。

设计实例

酯水解常作为计算酶设计的模型反应，丝氨酸水解酶催化酯水解的双置换反应机制复杂。设计丝氨酸水解酶面临诸多挑战，如克服酰基酶中间体（AEI）的稳定性、构建复杂催化位点、激活丝氨酸亲核试剂，以及应对活性位点在催化循环中的构象变化等。此前设计尝试未成功构建出超越天然折叠空间的丝氨酸水解酶。

① RFdiffusion 构建骨架：基于对天然水解酶的分析，在 QM 优化的过渡态周围采样催化侧链位置，枚举 backbone 构象，用 RFdiffusion 从随机噪声构建与输入催化残基 backbone 位置匹配且能形成底物结合口袋的骨架，再用 LigandMPNN 设计序列，Rosetta FastRelax 优化，AlphaFold2 预测结构并筛选。

② PLACER 评估预组织：开发 PLACER（protein ligand atomistic conformational ensemble resolver），通过在 PDB 中蛋白质-小分子复合物上训练，输入相关信息生成结合位点原子坐标。用 PLACER 为天然和设计的丝氨酸水解酶催化循环各步骤生成结构集合，量化活性位点形成程度，评估设计。

对设计的蛋白质进行体内表达和纯化，用多种实验方法测试，如用 HPLC 分析 PET 单体释放量、DSC 测蛋白熔点评估热稳定性、XRD 测 PET 薄膜结晶度等，还进行质谱分析和结构相似性搜索。实验结果表明，设计的酶具有极高的催化效率。该研究为酶设计提供新方法和思路，推动多步反应酶的设计发展，有助于深入理解催化几何基础，对设计其他新型催化剂如 PETases、酰胺酶和连接酶等具有指导意义。

8.3 抗体设计

因其对生物分子的高特异性与亲和力，抗体在生物医学领域应用极为广泛（图 8-3）。要获得针对特定治疗或科研靶标的特异性抗体，常需对动物进行接种，借助体细胞超突变实现亲和力成熟这一自然过程。近年来，抗体发现工作已转向大规模亲和力筛选技术，比如酵母展示与噬菌体展示技术等。然而，这些方法成本高昂且成功率难以保证。机器学习驱动的抗体设计技术的出现，有望降低成本并提升成功率。

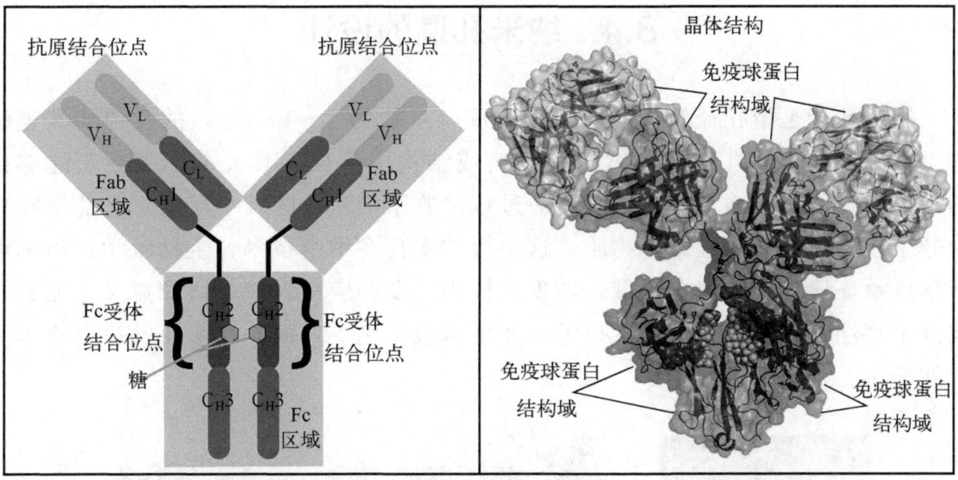

图 8-3 抗体分子结构示意图（左图）及晶体结构（右图）

在改进现有抗体的机器学习模型中，多数依赖多轮选择中的深度测序技术，或者基于深度突变扫描获取训练数据。例如，研究人员利用一种序列-标记模型，依据在天然抗体序列上预先训练的序列嵌入来预测酵母展示亲和力，随后利用此模型优化了 atezolizumab 单克隆抗体，提高了其与程序性细胞死亡配体-1（PD-L1）的结合能力。此外，基于序列的长短期记忆（LSTM）模型以及判别序列标记卷积神经网络（CNN）也被用于开发犬尿氨酸特异性抗体和优化曲妥珠单抗等。在跨靶标结合应用方面，深度学习也取得了积极的进展，包括训练了多个基于序列标记的判别序列标记卷积神经网络模型，每个靶标对应一个单独抗体。最终利用所得模型组合，预测能通过结合与所有靶标发生交叉反应的序列。上述方法普遍存在缺点，即具有抗体特异性，将其应用于其他抗体时，需要重新收集特定项目的实验数据，这极大地限制了它们的广泛应用。

目前，有三种策略在无需项目特异性测序数据的情况下，实现对新抗体和抗原的设计。第一种策略利用序列-标记模型降低抗体和纳米抗体互补决定区

（CDR）的多特异性。该模型通过对朴素纳米抗体库中高低多反应性选择实验的深度测序数据进行训练，结果显示，超85%的预测突变能够降低三种纳米抗体的多反应性。第二种策略利用序列蛋白质语言模型ESM，基于大量不同家族的蛋白质序列进行训练，随后用于推荐多个单突变，进行结合亲和力筛选。经过第二轮混合亲和力增加的突变体，抗体亲和力相较于未成熟抗体有显著提高。第三种策略是使用序列-结构模型，以结合抗体-靶标复合物的三维结构作为输入，来选择现有抗体序列的突变。尽管这种反向折叠策略仅适用于对具有靶标复合物三维结构的抗体进行重新设计，但如果与能够预测新抗体-抗原三维复合物的强大模型相结合，未来有望实现抗体从头全新设计。

8.4 纳米孔道的设计

纳米孔，是指孔径处于纳米尺度范围（一般为1～100nm）的孔道或孔道结构（图8-4）。这类孔道可在纳米级材料或结构中形成，其关键作用在于能够控制、限制物质的运输、传输以及反应过程。鉴于纳米孔的极小尺寸，它能够在单个分子或离子层面处理微观物质，这使得纳米孔在纳米技术、生物医学、纳米电子学以及环境科学等诸多领域，展现出极为重要的应用价值与研究意义。尤其是在分子筛选、分子传输、传感技术以及纳米级反应等方面，纳米孔发挥着不可替代的作用。

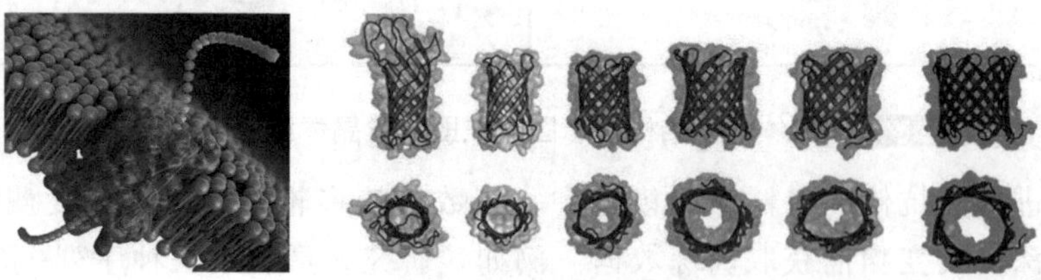

图 8-4 生物纳米孔

纳米孔在细胞膜中的示意图（左图），不同尺寸的纳米孔结构（右图）

8.4.1 纳米孔的常见应用领域

自然界中存在的纳米孔，经过工程化改造后已得到广泛应用。其中，生物源的蛋白纳米孔家族包含多种不同类型的蛋白质纳米孔，这些纳米孔在生物体内承担着各类关键功能。常见的生物源蛋白纳米孔家族如下。

① α-溶血素家族：该家族的蛋白质常见于毒蛇的毒液中，如α-溶血素，其作用机制是形成孔道以破坏细胞膜。

② β-通道家族：此家族中的蛋白质能够在细胞膜上形成通道，例如 β-溶血素，在细胞间通信以及物质传输过程中发挥重要作用。

③ 毒素孔家族：像白细胞毒素这类毒素可形成孔道，干扰或破坏目标细胞的正常功能。

④ 膜蛋白通道家族：该家族涵盖一系列在细胞膜中行使通道功能的蛋白质，典型的有离子通道蛋白和水通道蛋白。

⑤ 核孔复合物：位于细胞核膜上的复合物，由多种蛋白质构成，形成核孔以调控核内物质的进出。

⑥ 细胞骨架蛋白孔：由细胞骨架蛋白质组成，参与细胞形态的维持以及细胞内物质的运输过程。

这些蛋白质纳米孔家族在细胞通信、物质传输、细胞内外交流等生物学过程中扮演着关键角色。每个纳米孔家族都具有独特的结构与功能，对生命体系的正常运转起着至关重要的作用。常见的纳米孔道应用如下。

① DNA 测序：在 DNA 测序工作中，纳米孔应用广泛。其原理是通过检测 DNA 片段穿越纳米孔时引发的电子信号变化，从而识别 DNA 的碱基序列。

② 生物传感：纳米孔可用作生物传感器，用于探测蛋白质、DNA、RNA 等生物分子。当这些生物分子通过纳米孔时，会引发特定的电信号改变，以此实现对生物分子的检测。

③ 分子分离：基于不同分子大小或性质的差异，纳米孔能够实现对分子的有效分离。

④ 药物递送：通过调控纳米孔的大小与性质，能够精准控制药物的释放过程，实现精确的药物递送。

⑤ 纳米材料合成：纳米孔在纳米材料合成领域具有重要用途，可用于调控纳米颗粒的形成与组装过程，助力新型纳米材料的研发。

⑥ 纳米电子学：在纳米电子学领域，纳米孔可应用于传感元件以及逻辑门等电子器件的制造。

⑦ 能量转换：在能量转换方面，纳米孔也展现出应用潜力。例如，利用纳米孔中的离子传输现象，可制备纳米发电机等能量转换装置。

8.4.2 跨膜β-桶纳米孔设计实例

跨膜 β-桶（TMB）纳米孔在生物医学、纳米技术等领域具有广泛的应用潜力，如 DNA 测序、生物传感等。在这里介绍 TMB 纳米孔的设计流程。

① 孔径和形状调控：通过增加 β-链的数量（从 8 链增加到 10 链、12 链和 14 链），在保持跨膜跨度和 β-链间连接性（剪切数）不变的情况下，增大了 β-桶的

平均直径，从 8 链的 16.4Å 提升到 10 链的 19.4Å、12 链的 22.8Å 以及 14 链的 26.4Å。同时，引入甘氨酸扭结（glycine kink）来缓解 β-片层的应变，并形成不同形状的 β-桶横截面，如方形、三角形、矩形和椭圆形。

② 序列设计与结构优化：在设计过程中，需要平衡 TMB 在膜中的折叠状态和在水中的延迟折叠，以减少错误折叠和聚集。为此，在水可及的孔中设计极性残基网络，并交替分布疏水和无序促进残基；在脂质暴露表面，选择丝氨酸（Ser）和苏氨酸（Thr）与甘氨酸扭结附近形成氢键，降低 β-片层倾向。通过调整 Rosetta 溶剂化和参考能量，经过多次组合序列设计和结构松弛，基于氢键网络、二级结构和聚集倾向等筛选设计。

③ 蛋白质表达与折叠验证：合成基因并在大肠杆菌中以包涵体形式表达 10 链（4 个设计）和 12 链（9 个设计）的 TMB。大多数结合二级结构挫折设计的序列能够高水平表达。通过尺寸排阻色谱（SEC）、远紫外圆二色谱（CD）和色氨酸荧光等方法对设计的纳米孔进行表征，发现 TMB10_163 和 TMB12_3 具有主要为单体的 SEC 谱图、稳定的 β-片层特征 CD 光谱以及色氨酸荧光峰的明显位移，表明其成功折叠。

④ 折叠稳定性与膜插入验证：通过尿素滴定实验，TMB10_163 和 TMB12_3 显示出可逆的折叠/解折叠转变，其解折叠自由能分别为（-35.6 ± 2.7）kJ/mol 和（-63.1 ± 8.0）kJ/mol，与天然和先前设计的 8 链 TMB 处于相似范围。通过在不同厚度的膜中记录折叠动力学，证实了设计的纳米孔是通过整合到双层膜中而非在表面部分折叠。

⑤ 纳米孔活性与结构测定：将 TMB10_163、TMB10_165 和 TMB12_3 等设计的纳米孔自发插入平面二棕榈酰磷脂酰胆碱（DPhPC）膜后，TMB12_3 和 TMB10_165 成功插入膜并产生稳定的电导。TMB10_163 的晶体结构和 TMB12_3 的 NMR 结构测定结果显示，它们与设计模型高度相似，证明了计算设计方法的准确性。

⑥ 不同设计的电生理学测试：设计了具有不同 β-链数（12 链和 14 链）和不同形状（三角形、椭圆形、矩形）的 TMB，并对其进行电生理学测试。结果表明，不同设计的纳米孔能够插入平面膜并形成导电孔，且电导随孔径增大而增加。

⑦ 电导与孔径关系：10 链的 TMB 设计电导为（108 ± 1.4）pS，对应纳米孔直径约为 3.5Å；12 链设计的电导在 210～230pS 之间，对应孔径约为 5Å；14 链设计的电导为（427 ± 2.7）pS，对应孔径约为 7Å，与计算得到的设计模型孔径相近。

⑧ 形状对电导的影响：在保持孔径大小不变的情况下，改变孔的形状对单价离子电导影响不大，离子净通量可能更依赖于孔面积而非形状。

通过人工智能设计的纳米孔具有稳定的折叠和良好的性能，有望应用于多种分子的检测、选择性传输以及生物聚合物测序等领域。进一步可以建立快速的设计-构建-测试循环，深入研究纳米孔化学性质与检测分析物之间的关系。

8.5 配体结合蛋白设计

在众多蛋白质功能中，小分子识别起着关键作用，广泛涉及催化和信号转导等过程。然而，设计能够与小分子特异性结合的蛋白质，目前仍是一项颇具挑战性的任务。在现有蛋白质中从头构建小分子结合位点的成功案例较少，从头设计螺旋束和β-桶与小分子结合的研究也相对有限。尤其是高极性或柔性小分子，因其精确极性接触几何形状难以优化，以及结合含有众多可旋转键的配体时会产生熵惩罚，成为更具挑战性的设计靶标。总体而言，在进行实验优化之前，所获得的蛋白质与小分子的结合亲和力通常处于微摩尔或高纳摩尔范围。即便如此，这些设计方法仍为构建小分子诱导的组装体提供了机遇，有望用于调控细胞外和细胞内的信号转导过程。

近年来，多种深度学习方法被提出用于辅助设计与小分子相互作用的基序。截至目前，许多相关研究仅在计算机模拟的基准测试中有所报道。虽然有关于支架金属结合位点设计的实验取得成功的报道，但尚未有通过实验确定其结构的相关成果。近期，RFdiffusion 的全原子版本 RFdiffusionAA 被应用于设计与治疗性药物地高辛、酶促辅因子血红素等靶标结合的蛋白质（图 8-5）。以地高辛为例，研究人员对 4400 种设计进行了实验筛选，最终识别出 3 种在酵母展示测定中显示富集的设计，其中一种设计的结合亲和力达到了纳摩尔范围。尽管当前这些设计方法的成功率并不高，但它们的突出优势在于能够通过简单定义目标，实现与小分子的高形状互补性，无需预先生成结合基序。

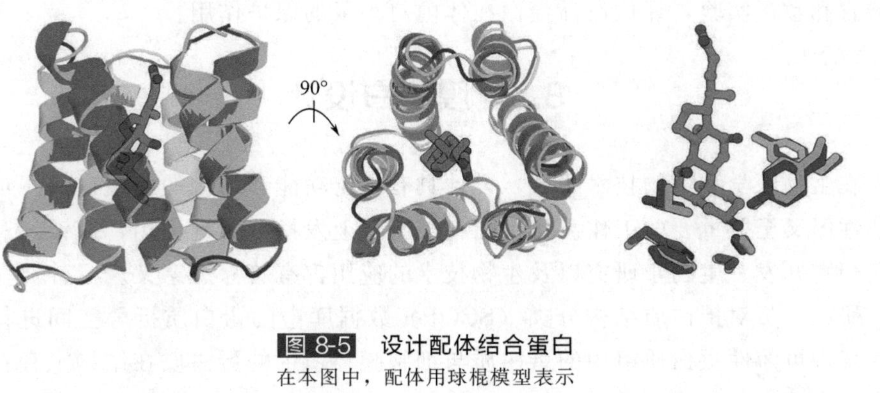

图 8-5 设计配体结合蛋白

在本图中，配体用球棍模型表示

设计实例：蛇毒结合蛋白设计

蛇咬伤是严重的热带疾病，每年致使超 10 万人死亡及众多人残疾，现有抗蛇毒血清治疗存在诸多问题。在这里介绍如何利用深度学习方法从头设计蛇毒结合蛋白，针对 3FTx 家族毒素，设计结合短链和长链 α-神经毒素及细胞毒素的蛋白质。这些蛋白质在体外有效中和毒素，在体内保护小鼠免受致命毒素攻击。该研究为新一代抗蛇毒疗法提供了基础，有望推动药物设计发展，助力解决热带疾病治疗难题。

① α-神经毒素结合蛋白设计：α-神经毒素是 3FTx 的重要子类，根据其结构特点，以 RFdiffusion 为基础，通过 β-链配对靶向设计，结合 ProteinMPNN 序列设计及筛选，针对短链 α-神经毒素 ScNtx 和长链 α-神经毒素 α-眼镜蛇毒素进行设计。

② 细胞毒素结合蛋白设计：细胞毒素会破坏磷脂膜，导致组织损伤。研究人员假设仅靠 β-链配对无法有效阻止其插入膜，于是基于 RFdiffusion 生成含热点残基的蛋白骨架，直接结合细胞毒素的三指环。针对 86 种蛇细胞毒素的共有序列设计结合蛋白，经筛选和优化，得到细胞毒素结合蛋白 CYTX。

③ 蛋白表达与性质表征：通过酵母表面展示筛选设计的蛋白，利用大肠杆菌重组表达并纯化。使用生物层干涉术（BLI）、表面等离子共振（SPR）、尺寸排阻色谱（SEC）、圆二色谱（CD）等技术，对蛋白的结合亲和力、纯度、二级结构和热稳定性等进行表征。

④ 体外中和实验：利用表达肌肉型 nAChRs 的人源横纹肌肉瘤细胞系，通过膜片钳实验评估设计蛋白对 α-神经毒素的中和能力；用细胞毒性实验评估 CYTX 对多种眼镜蛇全毒液及细胞毒素的中和效果。

⑤ 体内保护实验：测定 α-神经毒素在小鼠中的半数致死剂量（LD_{50}），通过预孵育和救援实验，评估设计蛋白在体内对小鼠的保护作用。

8.6 膜蛋白设计

在生物医学和生物技术领域，设计具有特定功能和结构的膜蛋白是一项极具挑战性但又至关重要的工作。膜蛋白在细胞膜上发挥着关键作用，其设计和工程对于药物开发、生物学研究以及生物技术的应用都有着深远意义。

研究人员对蛋白质结构分类（SCOP）数据库中的蛋白质折叠空间进行了分析，发现可溶性蛋白质组中的蛋白质与细胞膜环境中的蛋白质在结构上存在明显分离。在研究中，他们观察到 1075 种膜蛋白具有独特的拓扑结构，这些结构在可溶性和膜环境中都极为罕见，仅有 189 个折叠存在。这一发现引发了思考：整合膜蛋白拓扑是否具有某些特殊的结构特征，使其难以存在于可溶性折叠空间中？基于此，研究人员进一步探索膜折叠能否设计为可溶性类似物，若能实现，不仅可以扩展可溶性蛋白质组的折叠范围，还为利用这些以往难以触及的蛋白质折叠设计新功能创造了机会。此前，虽然已经有基于物理学和经验的方法尝试溶解近天然膜蛋白，但针对保留功能的可溶性膜拓扑结构的计算设计，尚未形成通用的方法。

基于此，研究人员开发了基于 AF2 反转网络的计算流程，并结合 ProteinMPNN 进行序列设计。这一创新的方法使得研究人员能够在计算层面设计出此前极具挑战性的高度稳定的折叠结构，如 Ig 样折叠（IGF）（图 8-6）、β-桶（BBF）和 TIM 桶（TBF），同时还能设计出整合膜蛋白折叠的可溶类似物，包括密蛋白、菱形蛋白酶、G 蛋白偶联受体（GPCR）等。该方法的优势在于，无需复杂的参数设计限制，也无需进行后续的实验优化，就能够实现上述设计。研究结果显示，设计的可溶性类似物能够以构象特异性的方式保留具有生物学和治疗相关性的天然功能基序，例如 G 蛋白结合界面和毒素-受体相互作用位点。这充分展示了基于深度学习的方法在蛋白质设计方面的显著成效和高度准确性，为探索新的蛋白质拓扑和序列、改进功能设计策略奠定了坚实的基础。

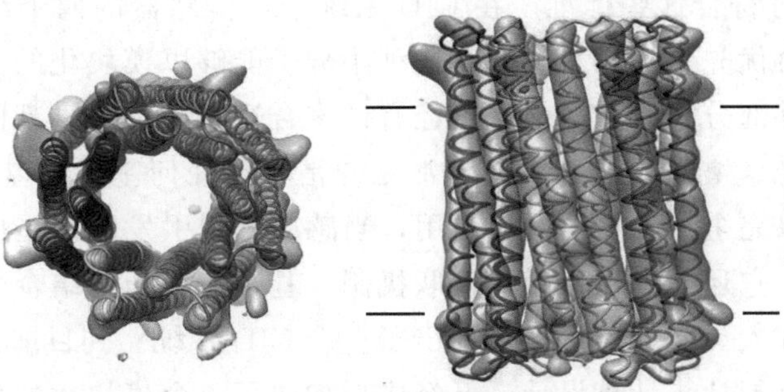

图 8-6 人工设计具有十六个螺旋的跨膜蛋白

设计实例——可溶性膜蛋白的设计

① 流程：开发基于 AF2 反转网络结合 ProteinMPNN 序列设计的计算流程。先由 AF2 生成目标折叠序列，经优化满足拓扑和结构要求，再用 ProteinMPNN 产生序列，最后用 AF2 重新预测并筛选。针对膜蛋白折叠，发现简单替换疏水残基无法有效使其可溶。通过重训练 ProteinMPNN 网络（MPNNsol），成功设计出 claudin、rhomboid protease 和 GPCR 折叠的可溶性类似物。

② 目标：以蛋白质长度和序列接触顺序衡量拓扑复杂性，选择 Ig 样折叠（IGF）、β-桶（BBF）和 TIM 桶（TBF）进行设计。

③ 实验结果：设计的 IGF、BBF 和 TBF 部分可溶且热稳定性高，如 IGF_

10 的 T_m 达 78℃。TBF _ 24 的晶体结构与设计模型高度吻合，证明设计方法准确性高。

8.7 设计传感器和执行器

在所有生命系统中，感知和响应分子信号的能力至关重要。而从头开始进行工程改造，设计全新的传感器/执行器系统，其中一个关键的挑战在于，要开发出具有普适性的方法，实现信号检测（传感）与细胞网络输出响应（驱动）之间的有效耦合。当信号无法在细胞内存在，或者难以穿过细胞膜时，工程化的传感器/制动器系统就必须具备将信号从细胞外部传递到内部的能力。目前，完全从头构建的跨膜信号制导系统尚未问世。不过，在对现有的跨膜信号制导系统进行重新设计，以调节 G-蛋白偶联受体（GPCR）中的变构信号转导和四级结构变化方面，研究人员已经取得了一定的进展。

从理想的角度来看，工程系统应当对信号具有特异性，同时其输出响应具备模块化的特点。这意味着，给定的输入信号能够与多种不同的输出响应相连接，并且在需要更改输出响应时，无需对整个系统进行重新设计。化学诱导异二聚化（CID）结构恰好符合这些标准。在 CID 系统中，传感器的两个组件在小分子存在的情况下，会优先发生异二聚化。这种小分子能够以模块化的方式，与功能输出报告器的互补部分相连。目前，已经有许多合适的分裂报告基因可供选择，比如可以激活荧光、增强酶活性，最为常见的是激活任何基因或基因组合的表达。CID 系统既可以完全在细胞内发挥作用，当感应过程引发跨膜蛋白与膜两侧结构域优先组装时，它还能提供跨膜的偶联机制。基于选择药物结合蛋白的结合剂作为起始点，研究人员已经合理地设计出了多个 CID 系统。到目前为止，通过对小分子识别位点进行从头计算设计，已经成功构建了一个模块化的传感/反应系统，尽管将其整合到现有的蛋白质-蛋白质界面中以创建 CID 系统仍面临挑战。在细胞实验中，该合成系统表现出了剂量-反应行为，能够检测通过工程通路产生的代谢中间体。而且，其输出响应可以以模块化的方式进行交换，组装后的晶体结构与计算设计模型之间也呈现出良好的一致性。

随着计算设计技术的不断进步，如今已经为设计具有完全从头可调结合行为的 CID 系统奠定了基础。此外，CID 系统独特的架构能够产生不同的输入/输出行为模式。例如，部分 CID 系统可以呈现出“带通滤波器”式的响应，即仅在中等信号浓度时，信号输出较高，而在其他浓度情况下信号较低。还有一些 CID 系统能够展现出“分子棘轮”响应，这种响应会依据 CID 成分的浓度变化，改变响应的幅度和灵敏度。通过对 100 种不同 CID 架构的定量响应进行建模，为利用工程系统实现多样化的输入/输出行为创造了广阔的前景。展望 CID 技术的未来发展，我们可以设想为肽、pH 值、光、离子强度、温度和机械力等不同类型的输入，构建全新的传感器和执行器。

设计实例——“铰链”蛋白的设计

蛋白质的构象变化在酶、细胞受体和分子马达等的功能实现中起着关键作用。设计能在两种截然不同且结构完整的构象间转换的蛋白质，是蛋白质设计领域的一大挑战（图 8-7）。在这里介绍一种“铰链”蛋白的设计，该蛋白在无配体时处于一种设计状态，有配体时转变为另一种状态。

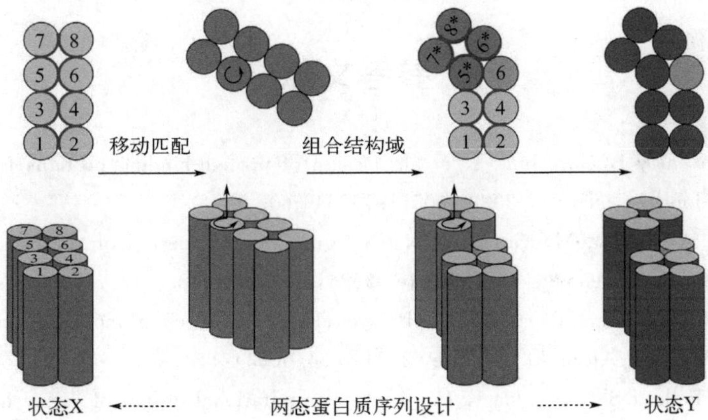

图 8-7　蛋白质开关构象的设计

① 铰链设计方法：以设计的螺旋重复蛋白（DHR）和基于 DHR 的连接蛋白为基础进行设计。将 DHR 的骨干构象作为铰链蛋白的第一种构象（“状态 X”），通过围绕“枢轴螺旋”旋转复制的亲本蛋白，组合原蛋白的不同部分创造第二种构象（“状态 Y”），并使用 Rosetta FastDesign 和 proteinMPNN 生成兼容两种状态的氨基酸序列，利用 AlphaFold2 预测结构并筛选设计。

② 铰链与效应肽的结合：通过该设计方法产生了多种铰链-肽对，实验测试发现其结合亲和力范围为 1 nM 至低 mM。还可对特定铰链进行重新设计，使其能与给定的目标肽紧密结合，且几乎无脱靶结合。

③ 实验验证构象变化：运用双电子-电子共振光谱（DEER），对引入表面半胱氨酸残基并标记的铰链蛋白进行检测。结果显示，添加效应肽后，构象平衡向状态 Y 转变，与设计预期相符。

④ 晶体结构验证：解析了 cs207 和 cs074 两种设计的晶体结构，在无肽和有肽情况下，实验结构分别与状态 X 和状态 Y 的设计模型高度吻合，证明了设计的准确性。

⑤ 构象变化的定量分析：利用 Förster 共振能量转移（FRET）技术，对延

长的铰链蛋白进行研究。结果表明，铰链-肽对具有特异性，且构象变化是完全可逆的。将效应肽改造为三螺旋束（3hb）后，其与铰链的结合能引发相同的构象变化，部分 3hb 与铰链的结合亲和力与原肽相似或更强。

⑥ 构象预平衡对效应物结合的影响：通过引入二硫键“锁定”铰链的构象，研究发现锁定在状态 X 的铰链几乎不与肽结合，而锁定在状态 Y 的铰链结合速率比原始铰链快 200 倍。引入单点突变调节构象预平衡，结果表明，基于状态 Y 共识序列的突变使结合更强，结合速率更快，进一步支持了构象平衡与结合动力学紧密耦合的模型。

参考文献

[1] Cao L，Coventry B，Goreshnik I，et al. Design of protein-binding proteins from the target structure alone[J]. Nature，2022，605(19):551-560.

[2] Govede C A，Pacesa M，Goldbach N G. Computational design of soluble and functional membrane protein analogues[J]. Nature，2024，631:449-458.

[3] Krishna R，Wang J，Ahern W，et al. Generalized biomolecular modeling and design with RoseTTAFold All-Atom[J]. Science，2024，384(6693):11.

[4] Lauko A，Pellock S J，Sumida K H，et al. Computational design of serine hydrolases[J]. Science，2025，388(6744):24-54.

[5] Praetorius F，Leung P J Y，Tessmer M H，et al. Design of stimulus-responsive two-state hinge proteins[J]. Science，2023，381:754-760.

[6] Torres S V，Valle M B，Mackessy S P，et al. De novo designed proteins neutralize lethal snake venom toxins[J]. Nature，2024，639:225-231.

[7] Wang J，Lisanza S，Juergens D，et al. Scaffolding protein functional sites using deep learning[J]. Science，2022，377:387-394.